中等职业学校信息技术类规划教材

网络综合布线技术（Vcom）
（第 2 版）

温 晞 主 编
王宇龙　陈广红　副主编
杨 涛　杨 岚　黄艳冰　参 编

中国铁道出版社有限公司
CHINA RAILWAY PUBLISHING HOUSE CO., LTD.

内 容 简 介

随着 Internet 和信息技术的发展，政府、企业、学校等都在针对自己楼宇的特点进行综合布线，以适应网络时代办公的需要。本书系统全面地介绍了网络综合布线系统的基础知识、设计方法、施工技术、测试内容和验收鉴定过程。本书由六个项目组成：包括综合布线系统简介，网络传输介质及接插件，综合布线系统设计，综合布线工程施工，电缆测试设备和电缆的故障检测、排除，以及综合案例。

本书适合作为中等职业学校信息技术类专业学生的教材，也可供从事综合布线的专业技术人员参考使用。

图书在版编目（CIP）数据

网络综合布线技术：Vcom/温晞主编. —2 版. —北京：中国铁道出版社，2016.7（2020.9重印）
中等职业学校信息技术类规划教材
ISBN 978-7-113-21766-2

Ⅰ．①网… Ⅱ．①温… Ⅲ．①计算机网络－布线－中等专业学校－教材 Ⅳ．①TP393.03

中国版本图书馆CIP数据核字(2016)第 100065 号

书　　名	网络综合布线技术（Vcom）（第 2 版）
作　　者	温　晞

策　　划	邬郑希	编辑部热线：	（010）63551926
责任编辑	邬郑希　鲍　闻		
封面设计	付　巍		
封面制作	刘　颖		
责任校对	王　杰		
责任印制	樊启鹏		

出版发行：中国铁道出版社有限公司（100054，北京市西城区右安门西街8号）
网　　址：http://www.tdpress.com/51eds/
印　　刷：三河市航远印刷有限公司
版　　次：2010 年 11 月第 1 版　2016 年 7 月第 2 版　2020 年 9 月第 4 次印刷
开　　本：787 mm×1 092 mm　1/16　印张：13　字数：314 千
书　　号：ISBN 978-7-113-21766-2
定　　价：36.00 元

版权所有　侵权必究

凡购买铁道版图书，如有印制质量问题，请与本社教材图书营销部联系调换。电话：（010）63550836
打击盗版举报电话：（010）51873659

前言（第2版）

建筑物综合布线系统，是建筑技术与信息技术相结合的产物，是计算机网络工程的基础。综合布线系统是跨学科、跨行业的系统工程，随着Internet和信息高速公路的发展，政府机关、大型集团公司也都在针对自己的楼宇特点，进行综合布线，以适应新的需要。智能化大厦、智能化小区已成为新世纪的开发热点。

布线系统的对象是建筑物或楼宇内的传输网络，它使语音和数据通信设备、交换设备和其他信息管理系统彼此相连，并使这些设备与外部通信网络得以连接。布线系统是由许多部件组成的，主要有传输介质、线路管理硬件、连接器、插座、插头、适配器、传输电子线路、电气保护设施等，这些部件都有各自的具体用途，可用来构建各种子系统，不仅易于实施，而且能随需求的变化而平稳升级。

本书系统全面地介绍网络综合布线系统的基础知识、设计方法、施工技术、测试内容、验收鉴定过程。本书采用任务驱动的模式编写，由若干设计的任务来引导学生完成综合布线的各个项目的学习，避免了单方面理论知识的简单叙述。本书旨在让学生通过自主或者协作完成任务来了解生产过程和提前进入工作状态。最后，通过填写实训评价表完成对自身知识和能力的评价，在学习过程中不断完善自己。本书在第1版的基础上，根据当前综合布线系统的实际应用情况，删除光纤研磨部分，增加光纤冷端接的内容，并添加综合案例来对所学内容进行全面综合的应用。

本书由六个项目组成，前五个项目中每个项目由学习目标、若干任务、项目小结组成，其中每个任务由任务描述、任务实现、知识链接、实训组成。最后一个项目为综合案例。

本教材重视学习的评价，坚持总结性评价和过程性评价相结合，定量评价和定性评价相结合，教师评价、学生自评和同学评价相结合。任务后的实训评价表将增强教师与学生的互动与交流，既帮助教师尽早发现学生的问题，反思教学方法，也帮助学生及时总结自己的学习体会。实训评价表中的等级评定标准如下表所示。

评价等级说明表

等级	说明
A	优秀：能高质、高效地完成实训的全部内容，并能解决遇到的特殊问题
B	良好：能独立完成实训的全部内容
C	合格：能在教师或同学的适当指导下完成实训的全部内容
D	不合格：不能顺利完成实训的全部内容

本书由温晞任主编，王宇龙、陈广红任副主编。杨涛、杨岚、黄艳冰参编。具体编写分工如下：项目一由温晞编写，项目二由陈广红编写，项目三由杨涛编写，项目四由王宇龙编写，项目五由杨岚编写，项目六由黄艳冰编写，感谢赖均友、陆东生、周菁秀、郑永安等老师的大力帮助。

由于编者水平有限，书中难免有不妥之处，敬请读者批评指正。

编者
2016 年 3 月

目 录

项目一 综合布线系统简介 ... 1
- 任务一 了解通信系统、局域网 ... 2
- 任务二 了解智能建筑 ... 8
- 任务三 了解家用综合布线 ... 13
- 任务四 了解标准化组织 ... 17
- 项目小结 ... 24

项目二 网络传输介质及接插件 ... 25
- 任务一 双绞线跳线的制作与测试 ... 26
- 任务二 同轴电缆制作 ... 37
- 任务三 光纤熔接 ... 43
- 任务四 光纤冷端接 ... 58
- 任务五 光纤冷续接 ... 60
- 项目小结 ... 63

项目三 综合布线系统设计 ... 64
- 任务一 了解智能建筑对综合布线的要求 ... 65
- 任务二 制作结构图 ... 72
- 任务三 产品选型 ... 87
- 任务四 材料预算表的制作 ... 99
- 任务五 机柜安装大样图的制作 ... 106
- 项目小结 ... 112

项目四 综合布线工程施工 ... 113
- 任务一 施工准备 ... 114
- 任务二 综合布线管路和槽道的安装施工 ... 117
- 任务三 双绞线线缆布放施工 ... 133
- 任务四 信息插座端接 ... 137
- 任务五 6类屏蔽模块和6类F/UTP双绞线的端接 ... 144
- 任务六 6类屏蔽模块和S/UTP双绞线的端接 ... 148
- 任务七 配线架安装 ... 153
- 任务八 光纤传输通道施工 ... 155
- 任务九 标签标识制作 ... 158
- 项目小结 ... 163

项目五　电缆测试设备和电缆的故障检测、排除..................164
　　任务一　电缆测试设备的熟知..................165
　　任务二　电缆测试..................174
　　任务三　接线图测试..................178
　　任务四　长度、传播延迟、延迟偏离、衰减测试..................183
　　任务五　各种串扰、回波损耗..................189
　　任务六　不合格电缆故障的检测..................194
　　项目小结..................198
项目六　综合案例..................199
参考文献..................202

项目一　综合布线系统简介

　　建筑物综合布线系统（premises distribution system, PDS）是在计算机技术和通信技术发展的基础上，为适应社会信息化和经济国际化的需要而产生的，也是办公自动化进一步发展的结果。综合布线系统是跨学科、跨行业的系统工程，也是建筑技术与信息技术相结合的产物，是计算机网络工程的基础。

学习目标

- 了解通信系统的基本构成。
- 了解智能建筑。
- 了解家居布线。
- 了解标准化组织。

任务一　了解通信系统、局域网

任务描述

布线系统的对象是建筑物或楼宇内的传输网络，以使语音和数据通信设备、交换设备和其他信息管理系统彼此相连，并使这些设备与外部通信网络相连。它包含建筑物内部和外部线路（网络线路、电话局线路）之间的民用电缆及相关的设备连接措施。作为布线系统的基础，首先要了解通信系统及局域网的相关知识。

任务实现

调查本校通信网络。

首先了解本校建筑的大致结构，包括楼层数、房间数、楼层高度等，然后估算房间的尺寸。

调查目标：

（1）本校是否已经架设计算机网络？

（2）本校是否使用电话网络？

（3）本校的计算机网络通过何种方式链接Internet？

知识链接

通信系统（语音系统、局域网或数据系统）是各行业必不可少的一部分。实际上，大多数行业都要依靠其通信系统来保持行业竞争力，简化业务操作过程，提高通信效率并把最新的服务提供给客户。

通信系统涵盖了语音系统、信息处理系统和信号发射系统，这些系统将众多用户联系在一起，以便其可以进行信息交流和信息资源的共享。通常，每张办公桌上都会有一部电话和一台数据终端。在处理日常事务中，两种最普遍的通信系统是电话系统和局域网。电话系统无外乎打电话、接电话等。局域网使人们可以通过 PC 进行数据文件和电子邮件消息的发送和接收。目前，大部分公司都将局域网接上了 Internet，这使得网络用户可以在 Internet 上查询他们需要的信息、收发数据文件和通过电子邮件来传递信息。

大多数通信系统的一个共同点就是需要通信电缆将信号分送给系统用户或设备。所有的通信系统都会使用某种通信电缆将系统信号传递给系统用户或设备。例如，一部电话需要一条电缆将交换机端口连到用户的办公桌上。电缆的终端是工作区的一个插座，电话线的连接器就插在这个插座上，这样电话就可以工作了。电缆可将电源提供给电话，使信号的发送和接收成为可能。没有这根电缆将电话和交换机连接起来，电话就不能工作。

在商用大楼中，有 4 种通信系统需要通信电缆：

- 电话系统。
- 局域网。
- 楼宇自动控制系统（BACS）。
- 声音系统。

电话系统需要通信电缆将各个用户的电话与一个中心交换机连接起来。数据系统由连接在中心计算机系统的主机或者小型机的数据终端组成。通信电缆将这些终端与中心计算机系统或者与计算机系统相连的控制设备连接起来。在局域网中，PC 可以与同一栋楼或者同一个楼群的其他 PC 连接起来，达到资源共享的目的。局域网中 PC 的互连是通过通信电缆将交换机和其他 PC 的网卡相连。局域网楼宇自动控制系统是通过通信电缆将各个传感器和中心机房相连。

1. 电话系统

电话系统描述了提供电话服务的各种设备。电话系统至少包括三部分：两部电话及连接电话的电缆，如图 1-1 所示。

图 1-1　简单通信系统

电话可以将语音信号转换成电信号，然后通过电缆传输，并被另一部电话接收。然后，接收方将接收到的电信号转换成原始的声音信号。这种简单的电话系统只能被两个人使用。

因为人们需要和很多人通话，所以实际上的电话系统要比上面的通话系统复杂得多。此外，很多公司和住宅都有两部或两部以上电话，这就需要增添一个电话交换机，如图 1-2 所示。交换机用来将多部电话连接在一起，使得连接到交换机上的电话都能互通，同时也可以与外界联系。

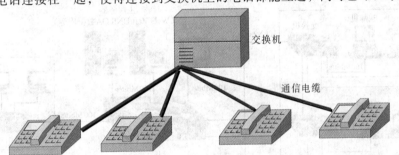

图 1-2　电话交换实例

大多数住宅只需要通过电信局接入一条电话线，这条电话线经过交接箱和地下电缆接入电信局的交换机。或者如图 1-2 所示，四部电话通过交换机组成一个电话网，然后通过交换机和电信局相连，与外界联系。但是很多公司和机构需要接入多根电话线，这样使得公司和机构的职员与外界联系时，不至于相互影响，这需要一台有多根接入电信局的通信电缆的交换机。此时，人员较少的公司和机构可以购买小型电话交换机，称之为 KSU（key service units），即键控服务单元，该单元可以接入数目固定的电话线和电话。人员较多的公司和机构需要购买大型电话交换机，称之为 PBX（private branch exchange），该交换机支持数百根电话线和数千部电话，但是价格很昂贵。

2. 局域网（LAN）

IEEE 对局域网的定义是："在适度地理区域内将一定数量的设备相互连接在一起的数据通信系统"。局域网于 20 世纪 80 年代早期出现。1980 年，IBM 将第一台 PC 推向市场，这些新型的计算机互连在一起组成了第一个局域网。

PC 本身不能和外界通信，必须借助局域网这一主要形式互连和共享信息。局域网可以让

PC 共享应用程序软件和文件。此外，在局域网中，还有一些外围设备，如打印机等。局域网同时还可将分散的 PC 用户连成一个用户组。

局域网由以下部分组成：

（1）计算机

局域网中的计算机可以接收和发送信息。它与交换机相连，既可以作为一个工作站，也可以作为一个服务器。

（2）网卡（NIC）

一个安装在计算机中的硬件，它可以帮助计算机解释网络通信的规则。

（3）通信电缆

网卡和集线器或者交换机之间的传输介质，通常是双绞线或者光缆。

（4）局域网交换机

交换机同集线器一样具有同样的功能，但是同集线器不同，它为连接的计算机提供标称的带宽，而集线器只能是连接的所有计算机共享标称的带宽。

局域网（如图 1-3 所示）是传输速率在 10Mbit/s～10Gbit/s 之间的高速通信网络。凭借相当高的信号传输速率，局域网可以支持一个小的地理区域的通信。通常，局域网主要支持一个楼层、一幢大楼，甚至一个园区的通信。

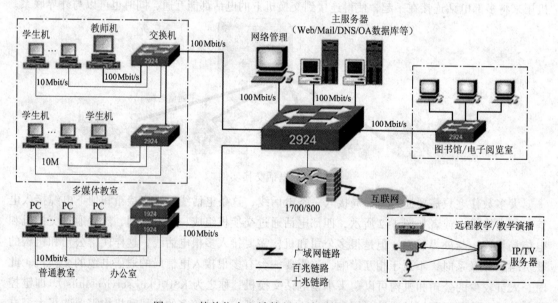

图 1-3　某单位中心计算机局域网络拓扑示意图

通信电缆是局域网中最重要的部分，保证设备相互之间数字信号的传送并且保持数据帧正确无误。局域网中的每个工作站都需要一根专用的通信电缆接到集线器或者交换机端口上。

注意：局域网对通信电缆的质量要求较高，低质量的电缆会使局域网传输错误增加，并降低系统的可靠性和吞吐能力。

3．楼宇自动控制系统（BACS）

楼宇自动控制系统（building automation and control system，BACS）是以楼宇环境管理和安全管理为目的的信息管理系统。楼宇自动管理系统也叫楼宇自动化系统（building automation

system，BAS），它由如下重要的建筑系统构成：
- 供暖、通风和空调装置。
- 能源管理系统。
- 火警系统。
- 安全和入口控制系统和闭路电视监控系统。

所有的楼宇系统都是节能系统，其通过通信总线实现系统设备之间的信号传输。这些系统设备之间需要连接通信电缆。通信电缆使系统设备之间的信号传输和信息资源的共享成为可能，并使得系统设备能够协同操作。

所有楼宇自动控制系统都遵循这一种模式：一个中心控制单元和多个分布式的系统传感器或者设备。每个传感器都使用通信电缆与中心控制单元的端口相连。通信电缆的作用相当于通信总线。分布式传感器监视整个楼宇环境，并将收集到的信息以数字信号或者模拟信号的形式传给中心控制单元。中心控制单元还通过通信电缆保证整个分布式传感设备的电源供应。

（1）供暖、通风和空调系统（HVAC）

HVAC系统可以调节整个大楼的湿度、温度及楼宇环境。在基于户外和户内的条件下，HVAC系统对大楼的室内环境进行调节，为人们提供一个舒适的环境，并且对能源的使用进行控制。

HVAC系统有一个中心控制单元系统。温度计遍及大楼内部，这些设备用通信电缆与中心控制单元相连。预制开关会触发中心控制单元，开启一个机械装置，从而将环境的温度和湿度都控制在一个较小的变化范围内。

HVAC系统通过循环制冷和加热盘管内的水来调节室内温度。风扇对这些盘管吹风以调节室内温度。HVAC系统的中心控制单元通过控制空气流量来调整气压、气流速度、风扇速度。

通信电缆将系统温度调节装置和中心控制单元连接起来。必须正确安装通信电缆，才能保证系统工作的可靠性，假如在选择和安装电缆的过程中出现错误，往往会导致系统不能正常工作或者经常出现故障。

（2）能源管理

设计能源管理系统（energy management system，EMS）是为了保证HVAC系统工作的效率和节约能源。能源管理系统的主要功能是提高HVAC系统的工作效率、集中控制照明系统、统一管理HVAC系统和照明系统。

能源管理系统由一个中心控制器和布置在大楼内的多个传感器组成。传感器和中心控制器通过通信电缆相连。

EMS中的传感器还与中心控制器相连，控制器中的程序规定了一天中不同时间的温度。温度传感器监测周围环境中的温度和湿度，如果周围环境的温度和湿度超过了程序规定水平，EMS系统将会开启空气调节装置或者室内温度照明系统来调节环境温度和湿度。

中心控制器可以程序化为如下流程：

HVAC系统的开关时间：为整个HVAC系统确定最有效的开关时间。

照明系统的开启和控制：可根据空间占用情况、光线采集水平和能源消耗情况有效利用照明系统。

（3）火警系统

火警系统监视楼内的火焰、烟雾及可能威胁人们生命财产的热量聚集情况，它由同时工作的三个部分组成：

- 传感器：作用是监控楼内情况。
- 喷水消防装置：作用是灭火。
- 警示灯和喇叭：作用是报警。

一个火警系统装置包括一个中心火警控制面板和许多传感器。其中，中心火警控制面板具有探测、灭火、报警功能。

通常，多个火警传感器共同服务于一个楼宇区域，一般为一个楼层。这些传感器用通信电缆与火警控制面板的一个端口相连。连接传感器与火警控制面板的端口需要 2 根线。一个楼宇区域内的传感器以菊花链的形式相互连接。覆盖整个楼宇区域。控制面板有两个端口，其中一个作为容错端口。传感器可以是可寻址的也可是不可寻址的。可寻址传感器能帮助系统操作人员定位出事地点。

火警传感器通过通信电缆与控制面板通信，如果火警控制面板收到来自传感器的火警信号，就会启动灭火装置和报警装置。

火警系统也可以与其他的楼宇控制系统集成在一起，共同构建一个安全的楼宇环境，这其中包括：

与 HVAC 系统集成在一起。在发生火灾的时候自动关闭风扇和节气阀，防止烟雾、热量和有毒气体随排气系统扩散。

与安全系统集成在一起。在发生火灾时自动打开安全出口并让一些自动控制门能够以人工方式打开，以提供其他的安全通道。安全系统还可以关闭大楼内部的通道以防止烟雾和火势蔓延，并且使这些内部通道依然保持在人工可操作状态。

与电气系统集成在一起。在发生火灾时启动紧急照明系统，同时对电梯进行控制，防止其被使用。

火警系统的通信电缆是极为重要的系统部件，因为它负责传感器和中心控制面板的连接。错误的布线会使传感器探测到火险而不能将其报告给中心控制面板。火警系统要求电缆类型正确，还要求端接正确。不正确的电缆选择和端接将会导致系统错误和可靠性的降低。

（4）安全、入口控制和闭路电视监控

安全系统为我们提供了一个安全、可控制的楼内操作环境。安全系统由以下系统构成：

- 对入侵者进行监测的报警系统。
- 对楼内特定区域限制进出的控制系统。
- 对楼内空间和地面进行全天候监视的闭路电视监控系统。

安全和入口控制系统可以不间断地报告非授权事件的闯入，这种综合系统还可以对楼内某一特定区域的所有出入（授权的和非授权的）进行记录，并创建访问日志。访问日志记录了对所有用户都开放的楼宇区域的出入时间和只对特定用户开放的楼宇区域的出入时间。

安全系统由中心控制单元、传感器和磁触点组成。这些传感器和磁触点分布在大楼内部并用通信电缆与中心控制单元相连。一旦中心控制单元被激活，安全系统就开始对传感器进行监视，这些传感器主要负责探测玻璃碎裂、震动，以及门窗上磁触点的脱离。系统启动时会产生有声或无声的警报，系统会将初始化的信息通过电话线传给监控设备。

入口控制系统由中心控制单元和进入点组成，进入点用通信电缆与中心控制单元相连。进入点主要为磁卡读卡机、按键座（key pad）或一些生物传感设备。进入点收集用户信息（磁卡序列号、口令或指纹）并将它们传给中心控制单元确认。一旦用户的身份和进入许可被确认后，控制单元就把门打开。

通信电缆为安全和入口控制系统提供了传输系统信号的通道，只有通信电缆安装准确无误，将系统信号传送给中心控制单元，系统的整体可靠性才能得到保证。

闭路电视（closed circuit television）系统是出于安全目的而构建的视频网络，它由分在一栋楼内或一个楼区的多个摄像头组成。这些摄像头用同轴电缆与一个数据转发器连接起来，采集到的视频信号通过电缆传给数据转发设备，数据转发设备再将这些视频信号转发给办公室内的监视器，达到监控的目的。

同轴电缆在闭路电视系统中具有极其重要的地位，为了让电缆能够正常工作，必须选择合适的电缆，端接程序必须正确。闭路电视系统如果存在布线问题，则可能导致系统根本无法正常工作或出现间歇性系统错误。此外，如果电缆类型选择不对或者电缆端接错误，视频网络可能会出现信号失真，如图像变形或图像模糊不清。

4．声音系统

声音系统是另外一种常见的通信系统，许多居民楼和商业大楼上都安装了这种系统。声音系统一般采取呼叫系统或语音广播系统。呼叫系统是在一栋楼或一个小区进行信息广播的系统。语音广播系统通常在百货商店或者超市使用，一般用来播放背景音乐，以营造良好的购物环境。

所有的声音系统都由以下4部分组成：

（1）声源：声源可以是一个麦克风或者一个音乐源，声源发出的声音要在整个区域内广播。

（2）放大器：放大器把声音信号放大并把信号送到各个端口。声源把信号输入放大器，如果声音信号没有转换成电信号，放大器可以完成这项功能，放大以后的电信号被送往各个端口。

（3）通信电缆：通信电缆用来把放大的通信信号传送给扬声器。通信电缆通常是束状铜缆，把放大器和扬声器连接起来。

（4）扬声器：扬声器将电信号转换成声音信号。扬声器通常安装在天花板上或墙上，彼此隔开，覆盖特定的区域。

声音系统对于人员比较多的建筑（如飞机场、百货商店、体育馆）是必不可少的。它传播给区域内的人员以声音的信息，在噪声较大的情况下更显得重要。

通信电缆是声音系统中的重要部件。为了让系统各个部分工作正常，必须选择正确的电缆和阻抗。如果电缆阻抗不匹配，将会缩短系统放大器的使用寿命。此外，通信电缆的尺寸必须与扬声器所需功率匹配，如果电缆尺寸过小，则会导致音量过低。

实　　训

本次实训通过和学校网络管理部门和安全部门进行沟通，并参观学校网络，从而获得学校电话系统、局域网、楼宇自动控制系统和声音系统的运作情况，了解学校计算机、电话、广播网络的组成，培养沟通能力和观察能力。

实训步骤如下：

分若干小组有秩序地和学校网络管理部门及安全部门进行沟通，参观整个网络，并进行记录，最后将获得的数据填入任务一实训记录表和任务一实训评价表，见表1-1和表1-2。

表 1-1　任务一实训记录表

子系统名称	设备组成	设备型号	覆盖范围	作用

表 1-2　任务一实训评价表

	评价项目	自己评价	同学评价	老师评价
职业能力	是否了解综合布线的作用			
	是否了解局域网			
	是否了解电话系统			
	是否了解楼宇自动控制			
	是否了解声音系统			
通用能力	观察能力			
	沟通能力			
综合评价				

任务二　了解智能建筑

任务描述

智能建筑集建筑、通信、计算机网络、自动控制为一体，而综合布线是智能建筑的神经系统，因此必须了解智能建筑的相关知识。

任务实施

（1）使用 Internet 以及其他获得资料的方法。例如：通过搜索引擎搜索智能建筑的网页，找到 http://www.ib-China.com，通过该网站可以获取智能建筑的知识和资料。

（2）参观智能建筑。

知识链接

一、智能建筑

智能建筑是传统建筑工程和新兴信息技术相结合的产物。智能建筑是指运用系统工程的观点,将建筑物的结构(建筑环境结构)、系统(智能化系统)、服务(住用、用户需求服务)和管理(物业运行管理)四个基本要素进行优化组合,提供一个拥有高效率的便利、快捷、高度安全的环境空间。智能建筑物能够帮助建筑物的主人、财产的管理者和拥有者等在诸如费用开支、生活舒适、商务活动和人身安全等方面得到最大利益的回报。

其中结构和系统方面的优化是指将 4C[即 computer(计算机)、control(自动控制)、communication(通信)、integrated circuit card(IC 卡)]技术综合应用于建筑物之中,在建筑物内建立一个计算机综合网络,使建筑物具有智能化。

二、建设智能建筑的目标

智能建筑要满足两个基本要求:

(1)对使用者来说,智能建筑应能提供安全、舒适、快捷的优质服务,有一个利于提高工作效率、激发人的创造性的环境。

(2)对管理者来说,智能建筑应当建立一套先进、科学的综合管理机制,不仅要求硬件设施先进,软件方面和管理人员(使用人员)素质也要相应配套,以达到节省能耗和降低人工成本的效果。

三、智能建筑的系统构成

智能建筑是楼宇自动化系统、通信自动化系统和办公自动化系统三者通过结构化综合布线系统和计算机网络技术的有机集成。其中建筑环境是智能建筑的支持平台。智能建筑系统如图 1-4 所示。

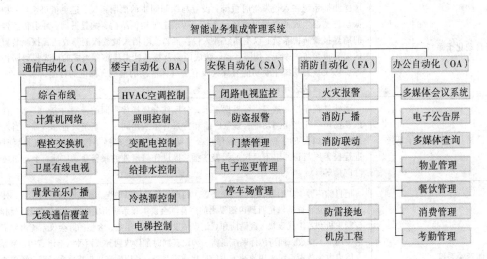

图 1-4 智能楼宇示意图

1. 楼宇自动化系统(building automation system,BAS)

BAS 的功能是调节、控制建筑内的各种设施,包括变配电、照明、通风、空调、电梯、给排水、消防、安保、能源管理等。检测、显示其运行参数,监视、控制其运行状态,根据外界条件、环境因素、负载变化情况自动调节各种设备,使其始终运行于最佳状态;自动监测并处理诸如停电、火灾、地震等意外事件;自动实现对电力、供热、供水等能源的使用、调节与管理,从而保障工作或居住环境既安全可靠,又节约能源,而且舒适宜人。

BAS 按建筑设备和设施的功能划分为 9 个子系统，如表 1-3 所示。

表 1-3　现楼宇自动化系统

子系统名称	子系统功能
变配电控制子系统	监视变电设备各高低压主开关动作状况及故障报警；自动检测供配电设备运行状态及参数；监理各机房供电状态；控制各机房设备供电；自动控制停电/复电；控制应急电源供电顺序等
照明控制子系统	控制各楼层门厅及楼梯照明定时开关；控制室外泛光灯定时开关；控制停车场照明定时开关；控制舞台艺术灯光开关及调光设备；显示航空障碍灯状态及故障警报；控制事故应急照明；监测照明设备的运行状态等
通风空调控制子系统	监测空调机组状态；测量空调机组运行参数；控制空调机组的最佳开/停时间；控制空调机组预定程序；监测新风机组状态；控制新风机组的最佳开/停时间；控制新风机组预定程序；监测和控制排风机组；控制能源系统工作的最佳状态等
给排水设备控制子系统	测量用水量及排水量；检测污物、污水池水位及异常警报；检测水箱水位；过滤公共饮水、控制杀菌设备、监测给水水质；控制给排水设备的启停；监测和控制卫生、污水处理设备运转及水质等
车库自动化子系统	出入口票据验读及电动栏杆开闭；自动计价收银；停车位调度控制；车牌识别；车库送排风设备控制等
消防自动化子系统	火灾监视及报警；各种消防设备的状态检测与故障警报；自动喷淋、泡沫灭火、卤代烷灭火设备的控制；火灾时供配电及空调系统的联动；火灾时紧急电梯控制；火灾时的防排烟控制；火灾时的避难引导控制；火灾时紧急广播的操作控制；消防系统有关管道水压测量等
安保自动化子系统	探测器系统在入侵发生时报警；设置与探测同步的照明系统；巡更值班系统；栅栏和振动传感器组成的周界报警防护系统；砖墙上加栅栏结构，配置振动、冲击传感器组成的周界报警防护系统；以主动红外入侵探测器、阻挡式微波探测器或地音探测装置组成的周界报警防护系统；用隔音墙、防盗门窗及振动冲击传感器组成的周界报警防护系统等。防灾报警系统主要功能有煤气及有害气体泄漏的检测，漏电的检测，漏水的检测；避难时的自动引导系统控制等
公共广播与背景音乐子系统	用软件程序控制播音；可根据需求，分区或分层播放不同的音响内容；广播、背景音乐及扬声器线路检测功能；紧急广播和背景音乐采用同一套系统设备和线路，当发生紧急事故（如火灾时），可根据程序指令自动切换到紧急广播工作状态；火灾报警时，可进行报警层与相邻上下两层的报警广播；提供任何事件的报警联动广播；手动切换的实时广播等
多媒体音像系统	把自然声源（如唱歌、演奏、演讲等）的声音信号加以增强，提高听众的声压级，使远离声源的听众也能清晰地听到声源发出的声音。会议声频系统由主席机（含话筒和控制器）、控制主机和若干代表机（含话筒和登记申请发言按键）组成，大型国际会议系统由数字会议网（DCN）构成；同声传译系统是将一种语言同时翻译成两种或两种以上语言的声频系统；立体声电影放声系统采用放映室内的杜比声道系统，利用标准机柜作电影录音，经功放分若干路引到观众厅四周的扬声器组上，以达到最佳的立体声效果；VOD 系统有随时自主点播精彩影视，以及各种账单查询、宾馆酒店信息查询、交通信息查看、气象预报、股市行情、商业信息、电视购物、卡拉 OK 音乐点播、E-mail、Internet 浏览、闭路电视等功能。系统自动完成点播计费并可与宾馆酒店计算机管理系统连接

2. 通信自动化系统（communication automation system，CAS）

CAS 按功能划分为八个子系统，如表 1-4 所示。

表 1-4　通信自动化系统

子系统名称	功　　能
固定电话通信系统	实现电话通信
声讯服务通信系统	具有存储外来语音，使电话用户通过信箱密码提取语音留言；可自动向具有该语音信箱的客户提供呼叫（当语音信箱系统和无线寻呼系统连接后），通知其提取语音留言；通过电话查询有关信息并及时应答服务的功能
无线通信系统	具备选择呼叫和群呼功能
卫星通信系统	屋顶安装卫星收发天线和 VAST 通信系统，与外部构成语音和数据通道，实现远距离通信的目的
多媒体通信系统（包括 Internet 和 Intranet）	可以通过电话网、分组数据网、帧中继网（FR）接入，采用 TCP/IP 协议。Intranet 是一个企业或集团的内部计算机网络
视讯服务系统	接收动态图文信息；具有存储及提取文本、传真、电传等邮件的功能；通过具有视频压缩技术的设备向系统的使用者提供显示近处或远处可观察的图像并进行同步通话
有线电视系统	接收加密的卫星电视节目以及加密的数据信息
计算机通信网络系统	满足数据通信的需要

3．办公自动化系统（office automation system，OAS）

OAS 分为办公设备自动化系统和物业管理系统。办公设备自动化系统要具有数据处理、文字处理、邮件处理、文档资料处理、编辑排版、电子报表和辅助决策等功能。对具有通信功能的多机事务处理型办公系统，应能担负起电视会议、联机检索和图形，图像，声音等处理任务。物业管理系统不但包括原传统物业管理的内容，即日常管理、清洁绿化、安全保卫、设备运行和维护，也增加了新的管理内容，如固定资产管理（设备运转状态记录及维护、检修的预告，定期通知设备维护及开列设备保养工作单，设备的档案管理等）、租赁业务管理、租房事务管理，同时赋予日常管理、安全保卫、设备运行和维护新的管理内容和方式（如水、电、煤气远程抄表等）。

4．结构化综合布线系统（structured cabling system，SCS）

SCS 又称综合布线系统（premises distribution system，PDS），它是建筑物或建筑群内部之间的传输网络。它把建筑物内部的语音交换、智能数据处理设备及其广义的数据通信设施相互连接起来，并采用必要的设备同建筑物外部数据网络或电话局线路相连接。其系统包括所有建筑物与建筑群内部用以连接以上设备的电缆和相关的布线器件。

5．计算机网络

智能建筑采用的计算机网络技术主要有以太网、FDDI（fiber distributed data interface）网、异步传输模式（ATM）、综合业务数字网（ISDN）等。

6．智能建筑与综合布线的关系

（1）综合布线与楼层高度的关系

由于综合布线所需的电缆竖井、暗敷管槽、线槽孔洞、交接间和设备间等设施都与建筑结构同时设计和施工，即使有些内部装修部分可以不同步进行，但它们都是依附于建筑物的永久性设施，所以在具体实施综合布线过程中，各工种之间应共同协商，紧密配合，切不可互相脱节，产生矛盾，避免疏漏造成不应有的损失或留下难以弥补的后遗症。

楼层高度还与布线方式有关。目前，国内外的布线方式归纳起来大致有：预埋管、架空双层地板、地坪线槽、单元式线槽、干线式、扁平电缆、网络地板、顶棚等八种。

布线方式各有优缺点，很难一概而论。因此在具体的工程设计中到底采取何种布线方式，必须要从实际需要出发，通过充分的调查研究，综合考虑建筑的规模、使用需求，认真比较各种布线方式的利与弊，最终确定适合于该建筑的布线方式。建筑设计人员，在考虑满足智能化需求的同时，还要考虑满足建筑其他方面的要求；不但要考虑近期的使用效果，更要以长远的、发展的眼光来判断日后的使用，考虑到对未来变化的适应性；应及时了解综合类布线的最新发展变化，以便能够在设计中采用先进技术，以符合日益发展的建筑智能化的需要。

通常，智能建筑净高的取值范围一般为 2.4~3.0 m，吊顶高度通常为 1.1~1.6 m，而地面布线所占高度随布线方式的不同可以在 0.02~0.35 m 之间取值。层高的理论取值范围为 3.52~4.95m。这只是一个理论值，在实际工程中，考虑到诸如造价、模数、施工、习惯作法、业主要求、国家规范等因素，层高的取值往往是在一个相对比较小的范围内浮动。我国的智能建筑设计中，层高的确定应当注意以下几点：

① 智能建筑（办公楼）适宜的层高尺寸为 3.8~4.2 m。
② 应通过运用合理的设计及采用先进的设备与施工技术，努力减小吊顶及结构高度。
③ 在经济条件许可的情况下，适当增加净高尺寸。一方面可提高室内空间的舒适性，同时为今后的发展留出一定余地。

（2）综合布线与智能建筑的关系

应该看到，土木建筑通常要强调百年大计，一次性的投资很大。在当前情况下，全面实现建筑智能化是有难度的，然而又不能等到资金全部到位，再去开工建设。这样会失去时间和机遇。对于每个跨世纪的高层建筑，一旦条件成熟就需要经过改造升级为智能建筑。这些问题可能是目前高层建筑普遍存在的一个突出矛盾。如何解决当前和未来的统一，综合布线是解决这一矛盾的最佳途径。

综合布线只是智能建筑的一部分，它犹如智能建筑内的一条高速公路，我们可以统一规划、统一设计，在建筑物建设阶段投入整个建筑物资金的 3%~5%，将连接线缆综合布设在建筑物内。至于楼内安装或增设什么应用系统，这就完全可以根据时间和需要、发展与可能来决定。只要有了综合布线这条信息高速公路，想跑什么"车"，想安装什么应用系统，那就变得非常简单了。尤其目前兴建的跨世纪高大楼群，如何与时代同步，如何能适应科技发展的需要，又不增加过多的投资，目前看来综合布线平台是最佳选择，否则不仅会为高层建筑将来的发展带来很多后遗症，而且当打算向智能建筑靠拢时，还要花费更多的投资，这在经济上是十分不合理的。

应当注意：建筑物采用综合布线，不等于实现了智能化；信息插座越多，不等于智能化程度越高。采用综合布线不等于不需要其他布线。如建筑物自动化部分，直接数字控制器至现场执行元件，可用线径较粗的传统电缆布线。

（3）智能建筑与信息高速公路的关系

信息高速公路（information super highway）是指现代国家信息基础设施，由光缆构成的传输通道，将其延伸到每个基层单位、每个家庭，形成四通八达、畅通无阻的信息网络，文字、图像、语音都以数字流的形式在网络上传递。

智能建筑利用综合布线与公用信息网连接，进行信息交流，因此综合布线是智能大厦中的信息高速公路，是现代化大厦与外界联系的信息通道。智能建筑必须与信息高速公路对接，否则，它就成了孤立的个体。

实　　训

本次实训通过对当地智能建筑的参观获取智能建筑的感性认识，也可以通过 Internet 去了解智能建筑的最新发展状况，培养沟通能力和自我学习的能力。

实训步骤：

参观当地的智能建筑，并进行记录，然后将数据填入任务二实训记录表和任务二实训评价表，见表 1-5 和表 1-6。

表 1-5　任务二实训记录表

智能建筑子系统	作　用

表 1-6　任务二实训评价表

	评　价　项　目	自己评价	同学评价	老师评价
职业能力	是否了解智能建筑的作用			
	是否了解智能建筑的构成			
通用能力	观察能力			
	沟通能力			
综合评价				

任务三　了解家用综合布线

任务描述

家居的信息化、智能化是现代住宅的发展方向，可是，人们往往忽略了在家居智能化中担当重要角色的弱电布线系统，很多人甚至还停留在以为只要拉一根线就可以了的认识误区。事实上，无论何种智能化控制设备，都需要通过某种传输方式进行信号传送，才能实现智能化控制。

家庭综合布线系统是指将电视、电话、计算机网络、多媒体影音中心、自动报警装置等设计进行集中控制的电子系统，即家庭中由这些线缆连接的设备都可由一个设备集中控制。

任务实现

了解自己家庭的各种布线，比如电力、音响、网络、电视、安防的布线，通过各种布线的安装过程，认识到布线的烦琐和影响，从而认识到家用综合布线的好处。

知识链接

家居的信息化、智能化是现代住宅的发展方向，可是，当人们把家庭智能化的概念炒得铺天盖地的时候，人们往往忽略了在家居智能化中担当重要角色的弱电布线系统。通常，我们可以采用的方式有无线和有线两类，无线传输方式的缺点在于造价高于有线传输方式，同时，信号传输的稳定性、系统的易维护性等也不如有线传输方式，但无线方式非常灵活，在这一点上，有线传输方式是无法比拟的。在这里，先讨论家庭中的有线传输方式的载体——家用综合布线系统。

家庭的布线，大约经历了这样一个过程：当"电"还没有进入人们的生活，深入家庭的时候，住宅是不需要布线的，从家庭有了第一盏电灯开始，居室内开始拉进了第一根强电的线缆，随着社会的发展，电器开始普及，家庭中的电器越来越多，人们开始意识到在居室内应该综合考虑电源线的科学管理、维护和分布，此时开始出现了强电的配电箱，现在，强电的配电箱已经深入人们的生活，很难想象，一套没有配电箱的商品房，会有人愿意购买。同样，弱电的发展也经历了类似的过程，二十多年前，当家中第一次有了电话的时候，是没有人去计较电话线是不是太难看，电话是不是应该放在客厅，是不是每个房间都应该有一个电话的。随着人们生活水平的提高，对住宅的要求也越来越高，传统的弱电布线方式已经完全不能满足要求。在此情况下，家用综合布线管理系统应运而生。

一、家用综合布线管理系统的组成和结构

家用综合布线管理系统包括一个分布装置、各种线缆以及各个信息出口的标准接插件。像用综合布线管理系统采用"模块化设计"和"分层星形拓扑结构"，各个功能模块和线路相对独立，单个家电设备或线路出现故障，不会影响其他家电的使用。

家用综合布线管理系统的分布装置主要由监控模块、计算机模块、电话模块、电视模块、影音模块及扩展接口等组成，功能上主要有接入、分配、转接和维护管理，如图1-5所示。

图1-5 家用综合布线管理系统

根据用户的实际需求，可以灵活组合、使用，从而支持电话/传真、上网、有线电视、家庭影院、音乐欣赏、视频点播、消防报警、安全防盗、空调自控、照明控制、煤气泄漏报警、水/电/煤气三表自动抄送等各种应用。

家用综合布线管理系统就是居家住宅的"神经系统"。简单来说就是一个统一管理及使用电话、计算机、电视机、影碟机、安全设备、防盗设备、水/电/气自动抄表设备和未来其他新家电的综合布线系统。

二、家用综合布线管理系统是未来家居智能化发展的必然产物

"宽带网"的出现，将使有线电视网、计算机网、电话网三网合一，为大众提供集成的服

务。而现代家庭娱乐、通信、安防的需求不断增长和提高，人们要上网，要在家办公，需要网络。家庭布线成为迫切的需求，使规范的家用布线系统逐渐成为继水、电、气之后第四种必不可少的家庭基础设施。

随着人们生活水平的提高，在不久的将来，没有布线的房屋就会像没有通水、通电、通气一样不可思议，家庭布线会变得和水、电、气一样必不可少。在现代家庭中，弱电线缆越来越多：电话线、有线电视线、宽带线、音响线、防盗报警信号线等，往往带来线大多、太乱的烦恼。使用家用综合布线管理系统预先暗埋全部弱电线，省去了以后再拉明线的麻烦，又保证了家庭装修的美观和一致。随着互联网，特别是"宽带网"的迅速发展和普及，使得我们在家上网娱乐、上网办公成为可能和必然。而我们下一代的学习、生活则更离不开网络。如今在国内许多城市已经相继开通了宽带 IP 城域网，越来越多的"宽带信息化社区""宽带网"开始走进千家万户。通俗来讲，"小区布线系统"是"神经末梢"。简而言之，家用综合布线管理系统是智能小区布线系统在家庭里的延伸。

现在的"宽带信息社区"仅仅是提供"宽带到户"，而只有解决了家庭的弱电布线，才能算是真正、彻底解决了"宽带到桌面"的问题。而只有"宽带到桌面"，家庭内才能充分的享受宽带所带来的方便与舒适。

随着计算机技术、通信技术、自动化技术等多学科的发展和相互融合，家庭将在不远的将来真正实现智能化，利用住户家庭内的电话、电视、计算机等工具通过家用综合布线管理系统将电、水、气等设备连成一体，并与互联网相连，从而达到自主控制、管理并实现如家庭防盗、防灾、报警，通过互联网遥控家电等强大的功能，并且随着网络综合业务的发展，将会实现如 VOD 视频点播、网上购物、SOHO 家庭办公、远程教育、远程医疗等，使家庭能真正在工作、学习和娱乐中得到便利。因此，以家用综合布线管理系统为基础所构建的家庭网络应该包括宽带互联网，家庭互联网和家庭控制网络等几方面，三者之间的关系是：宽带互联网是家庭对外的桥梁，实现与外界的沟通和互动，家庭互联网则是信息家电的网络基础并与互联网能很好地连接，控制网络则对各种家电设备进行控制，起到前两个网络的补充作用。家庭在进行综合布线时，要有一定的超前意识，将家庭的三个网络预先建立，以迎接家庭智能化的到来。

三、家用综合布线管理系统的优点

与传统的布线方式比较，采用家用综合布线管理系统进行居家布线的优点很多：
（1）规范施工，确保质量和性能。
（2）使用、管理和维修十分方便。
（3）系统兼容性很好，无论选择哪家的网络布线设备，都提供支持。
（4）扩展性强，能灵活组合，所有的"信息点"都是通用的，增加新的设备或家电，可以马上接通使用。

采用家用综合布线管理系统一方面满足了当前的需求，另外也完全能适应未来"宽带信息化家居生活"的需要。新技术将会为我们营造更优质的生活。

（5）家庭网络布线的类型。家庭网络布线要求解决布线方便和实现即插即用两大基本问题。当前开发家用网络的厂商分为两大阵营，一是以 Microsoft、AMD、Lucent 为首的 Home Run 网络联盟，其技术特点是高举 xDSL 这面大旗；另一是由 3Com、Cisco 等构成的 Epigram 联盟，它提供通过已有的电视网络来传输图像、声音、数据的整体解决方案。

四、智能住宅布线类型

智能住宅布线应用有如下 3 种类型：

1. 第 1 类 CCCB——command control and communications for buildings

CCCB 是控制系统的布线，用以完成对住户生存环境的控制，其应用如消防报警、CCTV、出入口管理、空调自控、照明控制、水/电/煤气三表自动抄送等，这些应用提供了定时、准确、有效、方便的自动化环境的服务。这类布线通常由双绞线及同轴电缆共同构成，拓扑结构可以采用星状、总线或菊花链的一种或几种形式的混合。

2. 第 2 类 ICT——information and communications technology

ICT 是信息系统的布线，提供信息服务平台，进行信息的管理，其应用如电话、传真、计算机网络、Internet、电子邮件、视频会议、家庭办公（home office），以及所有的在电话/计算机网络上附加的越来越多的服务，这要求及时方便的服务。

3. 第 3 类 HE——home entertainment and multimedia

HE 是家庭娱乐和多媒体的布线，其应用如有线电视、卫星电视、家庭影院、交互式视频点播，以及有线电视网络所能提供的所有的功能。此类应用的主要传输媒体一般是同轴电缆，采用总线配置。但目前也有部分应用利用计算机网络作为传输媒体，用户通过在家中的电视机上加装机顶盒，就可以完成信号的接收和转换。

智能住宅布线系统的特性还表现在它的传输方式的多样性，不同的传输介质都可以找到其应用场合，包括有同轴电缆、双绞线、光纤等类有线方式，以及红外遥控、射频方式、电力线载波方式这三种常见的无线信号传输方式。有线方式具有安全性高、容量大、速率高等方面的优势，而无线遥控器式的控制方式则最适合于家庭。

五、家居布线标准

智能住宅布线系统已有 ANSI/TIA/EIA 570A 家居电信有线标准（Residential Relecommunications Cabling Standard），它规定的家居布线电缆包括 4 对 3 m 或 5 类 UTP、75Ω 同轴电缆和室内 2 芯多模光纤，线路从插座到配线箱不可超出 90 m，信道长度不可超出 100 m，端接采用 8 位插头座。家居布线的心脏是安装箱，内装视频模板、语音模板和数据模板，由安装箱统一分配和管理到各个房间的传输介质，依次为整个家居提供视听、家居自动化、Internet 访问、家庭办公等，安装箱同时可以固定各种配线架和面板，安装好的箱体将嵌入墙内。

六、家居布线等级

等级系统的建立有助于选择适合每一家居单元不同服务的布线基础结构。等级一提供可满足电信服务最低要求的通用布线系统，该等级可提供电话，CATV 和数据服务。等级一主要采用双绞线并使用星状拓扑方法连接，等级一布线的最低要求为一根 4 对非屏蔽双绞线（UTP），并必须满足或超出 ANSI/TIA/EIA – 568A 规定的三类电缆传输特性要求；以及一根 75 Ω 同轴电缆，并必须满足或超出 SCTEIPS – SP – 001 的要求。建议安装 5 类非屏蔽双绞线（UTP）方便升级至等级二。

等级二提供可满足基础、高级多媒体电信服务的通用布线系统，该等级可支持当前和正在发展的电信服务。等级二布线的最低要求为一或二根的 4 对非屏蔽双绞线（UTP），并必须满足或超出 ANSI/TIA/EIA-568-A 规定的五类电缆传输特性要求，以及 1 或 2 根 75Ω 同轴电缆（Coaxial），并必须满足或超出 SCTE ZPS-SP-001 的要求。可选择的光缆，并必须满足或超出 ANSI/ICEA S-87-640 的传输特性要求。

一般的家居布线要求都是由此两个等级来设定方案，并在每一家庭设定一个分界点（demarcation point）或一个辅助分离插座（auxiliary & discount outlet）来连接到终端的设备。

每一个家庭里都必须安装一个配线箱（DD），配线箱是一个交叉连接的配线架，主要端接所有的电缆、跳线、插座及设备连线等。配线架主要提供用户增加，改动或更改服务，并提供连接端口给与外间服务供应商提供不同的系统应用。配线架必须安装于一个适合安装及维修的地方，并能提供一个保护装置将配线引进大厦。所有端接如需连接大厦，必须安装接地及引进大厦设备，并合乎有关的适当标准及规格。

实　　训

本次实训通过观察自己家里的电视、电话、电脑网络、多媒体影音、安防报警、抄表装置，了解这些装置的布线情况，锻炼观察能力和沟通能力，并填写任务三实训记录表和任务三实训评价表（见表1-7和表1-8）。

表1-7　任务三实训记录表

线缆或者插座	有否	大致长度	安装时间	何种线材	是否老化
电话线					
有线电视电缆					
网线					
网线插座					
安防装置					
抄表装置					

表1-8　任务三实训评价表

	评价项目	自己评价	同学评价	老师评价
职业能力	是否了解家用综合布线系统的组成和结构			
	通过本次实训能否明白家用综合布线系统的优越性			
通用能力	观察能力			
	沟通能力			
	思考能力			
综合评价				

任务四　了解标准化组织

任务描述

综合布线的生产厂家遵循布线部件标准和设计标准，布线方案设计遵循布线系统性能、系统设计标准，布线施工工程遵循布线测试、安装、管理标准及防火、机房及防雷接地标准。所以我们有必要去了解标准化的组织和他们制定的相关标准。

任务实现

通过互联网查找综合布线的相关标准及制定的组织。

知识链接

一、国际标准化组织

各个国家的国家或地区标准化委员会由来自本地生产商和运营商的人员，以及本地标准专家委员会的专家们等组成。国际和欧洲标准化委员会是由各个参与成员委派的代表组成，一般由参与成员在国家或地区标准化委员会中挑选人员参加。标准是各个标准化委员会公布和发行的基于多数人意见的文件，它将在国家或地区以及全球范围内被应用。以下介绍几个对布线行业具有重要影响的标准化组织：

- 国际标准化委员会（ISO）。
- 国际电工委员会（IEC）。
- 电气与电子工程师协会（IEEE）。
- 国际电信联盟（ITU）。
- 美国国家标准学会（ANSI）。
- 美国通信工程协会（TIA）。
- 美国电子工程协会（EIA）。
- 欧洲电工标准化委员会（CENELEC）与欧洲标准化委员会（CEN）。

以下详细介绍：

1．国际标准化委员会（ISO）

国际标准化委员会（International Organization for Standardization，ISO）是目前世界上最大、最有权威性的国际标准化专门机构。

1946年10月14日至26日，中、苏、美、英、法的25个国家的64名代表集会于伦敦，正式表决通过建立国际标准化组织。1947年2月23日，ISO章程得到15个国家标准化机构的认可，国际标准化组织宣告正式成立。参加1946年10月14日伦敦会议的25个国家，为ISO的创始人。ISO是联合国经社理事会的甲级咨询组织和贸发理事会综合级（即最高级）咨询组织。此外，ISO还与600多个国际组织保持着协作关系。

国际标准化组织的目的和宗旨是："在全世界范围内促进标准化工作的发展，以便于国际物资交流和服务，并扩大在知识、科学、技术和经济方面的合作"。其主要活动是制定国际标准，协调世界范围的标准化工作，组织各成员国和技术委员会进行情报交流，以及与其他国际组织进行合作，共同研究有关标准化问题。

按照ISO章程，其成员分为团体成员和通信成员。团体成员是指最有代表性的全国标准化机构。通信成员是指尚未建立全国标准化机构的发展中国家（或地区）。通信成员不参加ISO技术工作，但可了解ISO的工作进展情况，经过若干年后，待条件成熟，可转为团体成员。ISO的工作语言是英语、法语和俄语，总部设在瑞士日内瓦。ISO现有143个成员。

ISO 现有技术委员会（TC）186 个和分技术委员会（SC）552 个。截止到 2001 年 12 月底，ISO 已制定了 13 544 个国际标准。

1978 年 9 月 1 日，我国以中国标准化协会（CAS）的名义进入 ISO。1988 年起改为以国家技术监督局的名义参与 ISO 的工作。现已改为以中国国家标准化管理局（SAC）的名义参加 ISO 的工作。1999 年 9 月，我国在北京承办了第 22 届 ISO 大会。

国际标准化委员会负责对综合布线系统的生产制造和生产过程质量控制进行制定和修正，以保证整个系统的电气和通信性能，并获得多数成员的赞成。

注：我国香港特别行政区、澳门特别行政区是国际标准化组织（ISO）的通信成员（correspondent member），只能以通信成员身份参加 ISO 大会及有关技术委员会和分委员会的活动，在上述技术组织中可以发表意见，但均没有表决权。

2. 国际电工委员会（IEC）

国际电工委员会（International Electrotechnical Commission，IEC）成立于 1906 年，至今已有 110 年的历史。它是世界上成立最早的国际性电工标准化机构，负责有关电气工程和电子工程领域中的国际标准化工作。

IEC 的宗旨是，促进电气、电子工程领域中标准化及有关问题的国际合作，增进国际间的相互了解。为实现这一目的，IEC 出版包括国际标准在内的各种出版物，并希望各成员在本国条件允许的情况下，在本国的标准化工作中使用这些标准。

近几十年来，IEC 的工作领域和组织规模均有了相当大的发展。今天 IEC 成员已从 1960 年的 35 个增加到 63 个。他们拥有世界人口的 80%，消耗的电能占全球消耗量的 95%。目前 IEC 的工作领域已由单纯研究电气设备、电机的名词术语和功率等问题扩展到电子、电力、微电子及其应用、通信、视听、机器人、信息技术、新型医疗器械和核仪表等电工技术的各个方面。IEC 标准已涉及了世界市场中 35% 的产品，到本世纪末，这个数字可达 50%。IEC 标准的权威性是世界公认的。IEC 每年要在世界各地召开 100 多次国际标准会议，世界各国的近 10 万名专家在参与 IEC 的标准制定、修订工作。IEC 现在有技术委员会（TC）89 个、分技术委员会（SC）88 个。IEC 标准在迅速增加，1963 年只有 120 个标准，截止到 2001 年 12 月底，IEC 已制定了 5 098 个国际标准。

我国 1957 年参加 IEC，1988 年起改为以国家技术监督局的名义参加 IEC 的工作。现在以中国国家标准化管理局（SAC）的名义参加 ISO 的工作。目前，我国是 IEC 理事局、执委会和合格评定局的成员。1990 年我国在京承办了 IEC 第 54 届年会，2002 年 10 月我国还在京承办了 IEC 第 66 届年会。

3. 电气与电子工程师协会（IEEE）

电气与电子工程师协会（Institute of Electrical and Electronics Engineers，IEEE）是一个由美国电机电子工程师协会组成的一个专业认证机构，在全球 150 个国家或地区拥有超过 35 万会员，电气与电子工程师协会接受美国国家标准组织的赞助。IEEE 在计算机工程、生物医疗科技、电信、电力、航空和电子消费品等方面，都有领导性的权威。IEEE 历史悠久，其前身早于 1884 年已经成立。一直以来，IEEE 都致力于推动电力科技及其相关科学的理论与应用研究，在促进科技革新方面起了重要的催化作用。

电气与电子工程师协会主要任务在制定电机电子业相关标准，它也订立许多局域网络的标准。

4. 国际电信联盟（ITU）

国际电信联盟（International Telecommunication Union，ITU）是联合国的一个专门机构，也是联合国机构中历史最长的一个国际组织，简称"国际电联"或"电联"。

该国际组织成立于1865年5月17日，是由法、德、俄等20个国家在巴黎会议为了顺利实现国际电报通信而成立的国际组织，定名"国际电报联盟"。

1932年，70个成员的代表在西班牙马德里召开会议，决议把"国际电报联盟"改写为"国际电信联盟"，这个名称一直沿用至今。1947年在美国召开国际电信联盟会议，经联合国同意，国际电信联盟成为联合国的一个专门机构。总部由瑞士伯尔尼迁至日内瓦。另外，还成立了国际频率登记委员会（IFRB）。为了适应电信科学技术发展的需要，国际电报联盟成立后，相继产生了3个咨询委员会。1924年在巴黎成立了"国际电话咨询委员会（CCIF）"；1925年在巴黎成立了"国际电报咨询委员会（CCIT）"；1927年在华盛顿成立了"国际无线电咨询委员会（CCIR）"。这三个咨询委员会都召开了不少会议，解决了不少问题。1956年，国际电话咨询委员会和国际电报咨询委员会合并成为"国际电报电话咨询委员会"，即CCITT。

1972年12月，国际电信联盟在日内瓦召开了全权代表大会，通过了国际电信联盟的改革方案，国际电信联盟的实质性工作由三大部门承担，它们是：国际电信联盟标准化部门（ITU-T）、国际电信联盟无线电通信部门和国际电信联盟电信发展部门。其中，电信标准化部门由原来的国际电报电话咨询委员会（CCITT）和国际无线电咨询委员会（CCIR）的标准化工作部门合并而成，主要职责是完成国际电信联盟有关电信标准化的目标，使全世界的电信标准化。

5. 美国国家标准学会（ANSI）

美国国家标准学会（American National Standards Institute，ANSI）成立于1918年。当时，美国的许多企业和专业技术团体，已开始了标准化工作，但因彼此间没有协调，存在不少矛盾和问题。为了进一步提高效率，数百个科技学会、协会组织和团体，均认为有必要成立一个专门的标准化机构，并制定统一的通用标准。1918年，美国材料试验协会（ASTM）、与美国机械工程师协会（ASME）、美国矿业与冶金工程师协会（ASMME）、美国土木工程师协会（ASCE）、美国电气工程师协会（AIEE）等组织，共同成立了美国工程标准委员会（AESC）。美国政府也参与了该委员会的筹备工作。1928年，美国工程标准委员会改组为美国标准协会（ASA）。为致力于国际标准化事业和消费品方面的标准化，1966年8月，又改组为美国标准学会（USASI）。1969年10月6日改成现名：美国国家标准学会（ANSI）。

ANSI同时也是一些国际标准化组织的主要成员，如国际标准化委员会（ISO）和国际电子工程委员会（IEC）。

6. 美国通信工业协会（TIA）

美国通信工业协会（Telecommunications Industry Association，TIA）是一个全方位的服务性国家贸易组织。其成员包括为美国和世界各地提供通信和信息技术产品、系统和专业技术服务的900余家大小公司，协会成员有能力制造供应现代通信网中应用的所有产品。此外，TIA还有一个分支机构——多媒体通信协会（MMTA）。TIA还与美国电子工业协会（EIA）有着广泛而密切的联系。

1924年，一些电话网络供应商组织在一起，打算举办一个工业贸易展览。后来渐渐演变成为美国独立电话联盟委员会。1979年，该委员会分出一个独立的组织——美国电信供应商协会

（USTSA），并成为世界上最主要的通信展览和研究论坛的组织者之一。1988年4月，USTSA与EIA（美国电子工业协会）的电信和信息技术组合，并形成了美国通信工业协会（TIA）。TIA是一个全方位的服务性国家贸易组织，其成员包括为美国和世界各地提供通信和信息技术产品、系统和专业技术服务的900余家大小公司。

TIA是一个成员推动的组织。根据该组织的规定，在华盛顿选举出31个成员公司组成理事会，并根据以下工作事务成立了六个专门委员会：成员范围和发展委员会、国际事务委员会、市场和贸易展览委员会、公共政策和政府关系委员会、小型公司委员会。

MMTA：多媒体通信协会（MMTA）的前身是北美通信协会，成立于1970年。它为设备制造者、软件设计者、网络服务提供者、系统集成者提供一个论坛，为通信和计算机应用提供开放市场而努力。

TIA是经过美国国家标准协会（ANSI）认可的可制定各类通信产品标准的组织。TIA的标准制定部门由五个分会组成。它们是：用户室内设备分会（UPED）、网络设备分会、无线设备分会、光纤通信分会、卫星通信分会（SCD）。

7. 美国电子工业协会（EIA）

美国电子工业协会（Electronic Industries Alliance，EIA）创建于1924年，目前其成员已超过500个，代表美国2000亿美元产值电子工业制造商，成为纯服务性的全国贸易组织，总部设在弗吉尼亚的阿灵顿。EIA广泛代表了设计生产电子元件、部件、通信系统和设备的制造商。

EIA的成员资格对于全美境内所有的从事电子产品制造的厂家都开放，一些其他的组织经过批准也可以成为EIA的成员。

8. 欧洲电工标准化委员会CENELEC与欧洲标准化委员会CEN

欧洲的标准制定机构中最主要的是CENELEC欧洲电工标准化委员会（法文名称缩写为CENELEC），1976年成立于比利时的布鲁塞尔，是由两个早期的机构合并的。它的宗旨是协调欧洲有关国家的标准机构所颁布的电工标准和消除贸易上的技术障碍。

欧洲标准化委员会（法文名称缩写为CEN）建于1961年。1971年起CEN迁至布鲁塞尔，后来它与CENELEC一起办公。在业务范围上，CENELEC主管电工技术的全部领域，而CEN则管理其他领域。其成员国与CENELEC的相同。除卢森堡外，其他18国均为国际标准化组织（ISO）的成员国。

CENELEC与CEN长期分工合作后，又建立了一个联合机构，名为"共同的欧洲标准化组织"，简称CEN/CENELEC。但原来两机构CEN、CENELEC仍继续独立存在。1988年1月，CEN/CENELEC通过了一个"标准化工作共同程序"，接着又把CEN/CENELEC编制的标准出版物分为下列三类：

（1）EN（欧洲标准）：按参加国所承担的共同义务，通过此EN标准将赋予某成员国的有关国家标准以合法地位，或撤销与之相对立的某一国家的有关标准。也就是说成员国的国家标准必须与EN标准保持一致。

（2）HD（协调文件）：这也是CEN/CENELEC的一种标准。按参加国所承担的共同义务，各国政府有关部门至少应当公布HD标准的编号及名称，与此相对立的国家标准也应撤销。也就是说成员国的国家标准至少应与HD标准协调。

（3）ENV（欧洲预备标准）：由 CEN/CENELEC 编制，拟作为今后欧洲正式标准，供临时性应用。在此期间，与之相对立的成员国标准允许保留，两者可平行存在。

二、国内标准及标准化组织

1. 通信技术标准

国内综合布线相关标准制定来自于通信技术标准和建设工程标准，通信技术标准和所有其他技术标准皆由国家技术监督局统一管理。其中通信行业工程建设标准，过去曾由国家建委管理，后转由国家计委管理，最后又由建设部管理至今。

工业和信息化部（简称工信部）内则由科技司主管基础技术标准制定，对口国家技术监督局综合规划司主管工程建设标准，对口建设部。标准制定方式有以下几种：

① 通信技术国际标准（或建议）由国际标准化机构或由其认可的其他国际组织制定发布。如:《电话传输质量》(ITU-CCITT 1998 年，墨尔本);《光缆的结构、安装、接续和保护》(ITU-T 1994 年，日内瓦);《移动、无线电测定、业余和相关卫星业务》(1990 年，日内瓦)。

② 通信技术国家标准由工信部（原邮电部）组织制定，报国家标准化行政主管部门——国家技术监督局批准发布。如：GB/T 11820—1989《市内光缆通信系统进网要求》，国家技术监督局 1989 年 10 月 25 日批准、1990 年 7 月 1 日实施。

③ 通信技术行业标准由工信部（原邮电部）组织研究制定并批准发布，报国家标准化行政主管部门——国家技术监督局备案。如：YD 335—1988《长途电话交换局间数字型线路信号》，中华人民共和国邮电部 1988 年 1 月 13 日批准、1988 年 7 月 13 日实施。

④ 通信技术地方标准由地方通信主管部门组织制定，地方政府审批颁发。如：DBJ 08-8-88 "住宅建筑电话通信设计标准"是上海市的标准，主管部门：上海市邮电管理局，批准部门：上海市建设委员会，施行日期：1989 年 2 月 1 日。

⑤ 通信技术企业标准由企业组织制定，由企业法定代表人或由其授权的企业主管领导批准发布，报当地标准化行政主管部门及上级主管部门备案。如：Q/CDC 032-84 成都电缆厂企业标准，根据该厂企业标准，HYSEAL+M 代表铜芯、实心聚烯烃绝缘、双面涂塑铝带屏蔽、单层钢带销装、聚乙烯护套市内通信电缆。

⑥ 通信技术体制由工信部（原邮电部）组织制定并批准发布。

通信技术体制是针对邮电通信网的网络结构、编号方式、路由计划、功能特性、服务质量、信令协议、接口要求、网络管理、计费原则、设备系列及基本进网要求等有关组网、成网、进网、互连互通的各方面做出原则性规定，为通信网络规划、工程设计、通信组织、设备配置、运行管理、产品开发等提供技术依据。

⑦ 通信技术规范属行业工程建设标准，由工信部组织制定并批准发布，报国家建设部备案。

通信技术规范是工信部（原邮电部）发布最多的文件，仅邮电部、信息产业部发布的就数以百计。例如：公用计算机互联网工程设计规范、公用计算机互联网工程验收规范、智能网设备安装工程验收规范。

2. 各类标准审批权限

目前，一般情况下各类标准的审批权限为：

- 国家标准：基础技术标准由国家技术监督局审批颁发，工程建设标准由建设部和国家技术监督局联合颁发。
- 行业标准：基础技术标准由主管部颁发，报国家技术监督局备案；工程建设标准由主管部颁发，报建设部备案。
- 地方标准：由地方政府审批颁发。
- 企业标准：由企业主管审批颁发。

此外，建设部还规定由中国建设标准化协会编制推荐性标准，作为上述四类标准的补充。

有些"标准"是以"技术规定""技术规程"或"图集""图形符号"等形式发布。

3. 认识"标准"编号

一般"标准"皆有编号，如：GB为国家标准；YD为行业标准；Q为企业标准，个别"标准"则无编号，如：《SDH光缆干线工程全程调测项目及指标》即无编号，为原信息产业部"内部标准"，由原信息产业部批准，1998年9月1日施行。为了全面推进通信技术标准工作，先后成立了"通信标准技术审查部"和"工作推进部"，并陆续批准成立了无线通信、通信电源产品、IP、传送网与接入网、网络管理、网络与交换6个由国内企事业单位自愿联合组织的通信标准研究组。各研究组皆采用单位成员制，由科研、设计、产品制造、通信运营、高等院校、学术组织及用户和政府部门的代表参加。并于1999年底在北京召开了全国通信标准研究组成员单位代表大会。研究组的任务是组织各成员单位对本研究组业务范围的标准开展研究工作，编制专业标准体系，根据近、中、远期的研究课题、标准项目计划，组织标准的起草、意见征求、协调和初审，向信息产业部通信标准行政管理部门推荐标准草案，开展国际电联的国内对口相关研究组业务范围的研究，并向信息产业部推荐提交到国际电联的文稿等。目前，申请、筹备成立全国统一的通信标准组织的工作正在进行。

4. 中国工程建设标准化协会

中国工程建设标准化协会是依法成立的全国工程建设标准化工作者的全国性学术社团。业务主管部门为中华人民共和国建设部。遵循国家有关方针、政策、法律、法规，本着"务实精干"的原则，团结和组织全国工程建设标准化工作者，充分发扬学术民主，开展工程建设标准化的科学技术水平，加速社会主义现代化建设服务。

中国工程建设标准化协会前身为中国工程建设标准化委员会，成立于1979年10月。1991年7月经民政部社团管理司审查后，批准以中国工程建设标准化协会名义注册登记。根据协会章程，该协会的会员分为个人会员和团体会员。

协会的主要活动包括：学术任务（主要由所属学术委员会与各专业委员会开展）；国际交流与合作；干部培训；制定、修订标准规范；编制标准体系表；技术咨询服务。协会的专业标准技术委员会是根据工程建设标准化工作的需要而设立的，是理事会领导下的二级专业学术组织，现共设有32个专业标准技术委员会。

地方标准化协会是根据各省、自治区、直辖市的工程建设标准化发展需要而建立的，现已在黑龙江省、内蒙古自治区、山东省、四川省、河南省、山西省、上海市、广东省等省、自治区、直辖市设立了地方标准化协会。

实 训

本次实训通过 Internet 查找符合"知识链接"中标准化组织的一些产品,获知标准化的一些知识。另外也可以观察周围的一些电气设备,看看它们是否有相关标准并填写任务四实训记录表和任务四实训评价表,见表 1-9 和表 1-10。

表 1-9 任务四实训记录表

协会或者组织	标　准	发布时间	适用范围

电气设备名称	是否遵循相关标准	标准名称	所属组织

表 1-10 任务四实训评价表

	评 价 项 目	自己评价	同学评价	老师评价
职业能力	是否了解国内的标准化组织			
	是否了解综合布线相关标准			
通用能力	自主学习能力			
	沟通能力			
	思考能力			
综合评价				

项 目 小 结

通过本项目的学习,了解了通信系统的基本组成、家居布线的结构及其优缺点,知道了智能大厦的结构和各个子系统的作用,以及各个标准化组织的分类和标准范围,为下一步综合布线的学习奠定了基础。

项目二 网络传输介质及接插件

在通信系统中，通信信号必须通过某种传输介质传输。有线通信利用电缆或光缆来充当传输导体；无线通信利用卫星、微波、红外线来充当传输导体。综合布线系统中各种应用设备的连接都是通过通信介质和相关硬件来完成的，布线系统中通信介质和相关连接硬件选择的正确与否、质量的好坏和设计得是否合理，直接关系到布线系统的可靠性和稳定性。本项目主要介绍布线系统中常用的有线通信介质和部分连接支撑硬件。

学习目标

- 了解和掌握各种有线通信介质的特性。
- 了解和掌握各种不同的传输介质及其连接支撑硬件的功能和作用。
- 掌握有线网络各种介质的制作及测试。
- 能根据需要，科学、合理地选择不同类型的有线通信介质和相关硬件。

任务一 双绞线跳线的制作与测试

任务描述

所谓跳线，是指两端均有一个水晶头的网线。跳线分为直通线和交叉线两种。可用于计算机与集线器（交换机）的连接、集线器（交换机）之间的连接、集线器（交换机）与路由器之间的连接、计算机之间的连接、计算机与信息插座之间的连接等，一般采用双绞线，如图2-1至图2-3所示。在以双绞线作为传输介质的网络中，跳线的制作与测试非常重要。跳线的好坏影响着终端（计算机）与网络设备间的通信质量。

 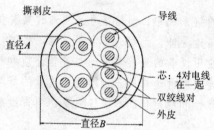

图2-1 双绞线结构图

 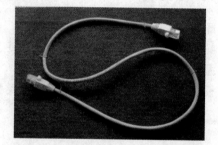

图2-2 RJ-45连接器及护套　　　　图2-3 超五类双绞线及RJ-45连接器

预备知识

一、跳线制作标准

跳线必须参照常用的布线标准EIA/TIA 568-A或EIA/TIA 568-B来制作，图2-4和表2-1所示为线序排列标准。

表2-1　EIA/TIA 568-A 和 EIA/TIA 568-B 线序

标准	1	2	3	4	5	6	7	8
EIA/TIA 568-A	白绿	绿	白橙	蓝	白蓝	橙	白棕	棕
EIA/TIA T568-B	白橙	橙	白绿	蓝	白蓝	绿	白棕	棕

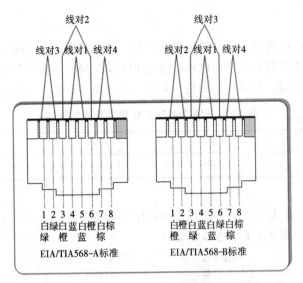

图 2-4　EIA/TIA 568-A 和 EIA/TIA 568-B 的线序排列分配图

> **小提示**
>
> **针脚定义**
>
> RJ-45 连接器包括一个插头和一个插孔（或插座）。插孔安装在机器上，而插头和连接导线（现在最常用的就是采用无屏蔽双绞线的 5 类线）相连。EIA/TIA 制定的布线标准规定了 8 根针脚的编号。如果看插头，将插头的末端面对眼睛，而且针脚的接触点的插头在下方，那么最左边是①，最右边是⑧，如图 2-5 所示。
>
> 针脚 1 发送；
>
> 针脚 2 发送；
>
> 针脚 3 接收；
>
> 针脚 4 不使用；
>
> 针脚 5 不使用；
>
> 针脚 6 接收；
>
> 针脚 7 不使用；
>
> 针脚 8 不使用；
>
>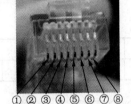
>
> 图 2-5　RJ-45 连接器 8 根针脚编号
>
> 特别强调一下，线序是不能随意改动的。例如，从上面的连接标准来看，1 和 2 是一对线，而 3 和 6 又是一对线。但如果我们将以上规定的线序弄乱，例如，将 1 和 3 用作发送的一对线，而将 2 和 4 用作接收的一对线，那么这些连接导线的抗干扰能力将下降，误码率就增大，即不能保证网络的正常工作。

二、跳线类型

按照双绞线两端线序的不同，通常划分两类双绞线。

1. 直通线

根据 EIA/TIA 568-B 标准，两端线序排列一致，一一对应，即不改变线的排列，称为直通线，直通线线序如表 2-2 所示。当然也可以按照 EIA/TIA 568-A 标准制作直通线，此时跳线两端的线序依次为：1-白绿、2-绿、3-白橙、4-蓝、5-白蓝、6-橙、7-白棕、8-棕。

表 2-2　EIA/TIA 568-B 标准直通线线序

端 1	白橙	橙	白绿	蓝	白蓝	绿	白棕	棕
端 2	白橙	橙	白绿	蓝	白蓝	绿	白棕	棕

2. 交叉线

根据 EIA/TIA 568-B 标准，改变线的排列顺序，采用"1-3，2-6"的交叉原则排列，称为交叉线。交叉线线序如图 2-6 和表 2-3 所示。

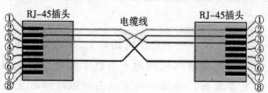

图 2-6　交叉线连接线示意图

表 2-3　交叉线线序

端 1	白橙	橙	白绿	蓝	白蓝	绿	白棕	棕
端 2	白绿	绿	白橙	蓝	白蓝	橙	白棕	棕

任务实现

一、双绞线跳线制作

（1）准备好超 5 类双绞线、RJ-45 水晶头和一把专用的压线钳，如图 2-7 所示。

（2）用压线钳的剥线刀口（可以用专用剥线钳）距超 5 类双绞线的端头至少 2 cm 处，旋转一圈，如图 2-8 所示。

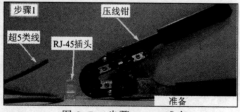

图 2-7　步骤 1——准备

图 2-8　步骤 2——剥线

（3）将剥开的外保护套管向外拉，将其剥去，露出超 5 类线电缆中的 4 对双绞线，如图 2-9 和图 2-10 所示。

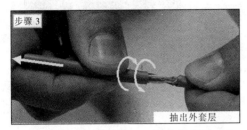

图 2-9　步骤 3——抽出外套层

图 2-10　步骤 4——露出 4 对线

（4）按照 EIA/TIA 568-B 标准（1-白橙、2-橙、3-白绿、4-蓝、5-白蓝、6-绿、7-白棕、8-棕）和导线颜色将导线按规定的序号排好，如图 2-11 所示。

（5）将 8 根导线整齐地平行排列，导线间不留空隙，如图 2-12 所示。

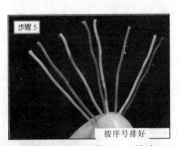

图 2-11　步骤 5——排序

图 2-12　步骤 6——理齐导线

（6）用压线钳的剪线刀口将 8 根导线剪齐，如图 2-13 所示。

（7）整齐剪断电缆线。剥开的导线长度不可太短，可以先留长一些，不能剪坏每根导线的绝缘外层，如图 2-14 所示。

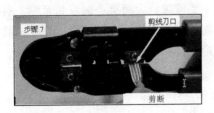

图 2-13　步骤 7——剪齐导线

图 2-14　步骤 8——检查剪断长度

（8）将剪断的电缆线放入 RJ-45 水晶头试试长短（要插到底），反复进行调整。电缆线的外保护层最后应能够在 RJ-45 插头内的凹陷处被压实，如图 2-15 所示。

（9）在确认一切都无误后（注意不要将导线的顺序弄错），将 RJ-45 水晶头放入压线钳的压头槽内，最后将其压实，如图 2-16 和图 2-17 所示。

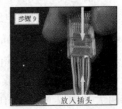

图 2-15　步骤 9——放入插头

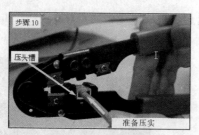
图 2-16 步骤 10——放入压线钳压头槽内

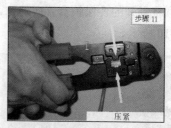
图 2-17 步骤 11——压实

 注 意

两机对连网线的制作:因两机对连时,网卡上的接线排序相同,因此连接线需要设为反线序,即水晶头一端遵循 568-A 标准,而另一端则采用 568-B 标准, A 水晶头的 1、2 对应 B 水晶头的 3、6,而 A 水晶头的 3、6 对应 B 水晶头的 1、2。这种对连网线主要用在交换机(或集线器)普通端口连接到交换机(或集线器)及普通端口或网卡连接网卡时。

二、网线的测试

使用 RJ-45 测试仪测试线路是否畅通,如图 2-18 所示。测试时将双绞线两端的水晶头分别插入主测试仪和远程测试端的 RJ-45 端口,将开关开至 "ON"(S 为慢速挡)。如果测试的线缆为直通线缆,测试仪上的 8 个指示灯应该依次闪烁;如果是交叉线,则测试仪上 8 个指示灯应该的闪亮顺序应该是 3、6、1、4、5、2、7、8。

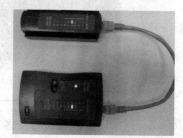
图 2-18 测试跳线

知识链接

在通信系统中有许多不同类型的电缆。电缆主要可以分为两类:铜缆和光缆。铜缆的导线部分是某种类型的铜金属,信号在铜导线中以电能的形式传输。在光缆中,光纤一般为石英光纤或塑料光纤,信号在光纤中以光能或光脉冲的形式传输。

通信系统常用的电缆类型有以下几种:
- 非屏蔽双绞线电缆:3 类、4 类、5 类、5e 类、6 类。
- 金属屏蔽双绞线电缆:3 类、4 类、5 类、6 类
- 同轴电缆:RG-58A/U 以太网细缆、RG-8 以太网粗缆、RG-6 视频电缆、RG-11 视频电缆、RG-59 视频电缆、RG-62 同轴电缆。
- 光缆:50μm/125μm 多模光缆、62.5μm/125μm 多模光缆、单模光缆。

其中双绞线(twisted pair,TP)电缆是一种综合布线工程中最常用的传输介质。

双绞线近年来发展较快,常用作传输介质。它被分为屏蔽双绞线与非屏蔽双绞线两大类。在这两大类中又可分为 100 Ω 电缆、双体电缆、大对数电缆、150 Ω 屏蔽电缆。本书主要介绍在工程中常见的 100 Ω 电缆及大对数电缆,而双体电缆及 150 Ω 屏蔽电缆在工程中使用得较少。

一、双绞线电缆的结构

双绞线电缆由两股彼此绝缘,而又拧在一起的导线组成,如图 2-19 所示。

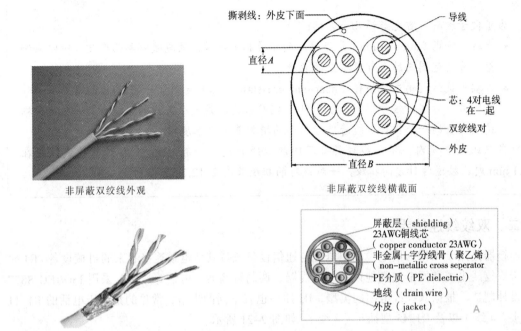

图 2-19 双绞线

双绞线的目的是为了抵消电缆中由于电流而产生的电磁场干扰,两条线扭绞的次数越多,抗干扰能力越强。为了提高双绞线的抗干扰能力,还可在双绞线的外壳上加一层金属屏蔽护套。因此又可分为非屏蔽双绞线电缆(unshielded twisted-pair,UTP)和屏蔽双绞线电缆(shieldedtwisted-pair,STP)两种,如图 2-20 所示。屏蔽双绞线电缆比非屏蔽双绞线电缆传输可靠,串扰减少,具有更高的数据传输率,传输距离更远。

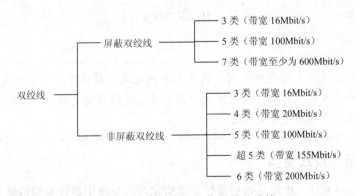

图 2-20 综合布线工程使用的双绞线

小提示

对于双绞线，用户所关心的是：衰减、近端串扰、特性阻抗、分布电容、直流电阻等。

为了便于理解，首先解释几个名词：
- 衰减：衰减（attenuation）是沿链路的信号损失度量。衰减随频率而变化，所以应测量在应用范围内的全部频率上的衰减。
- 近端串扰：近端串扰损耗（near-end crosstalk loss）是测量一条UTP链路中从一对线到另一对线的信号耦合。对于UTP链路来说这是一个关键的性能指标，也是最难精确测量的一个指标，随着信号频率的增加其测量难度增大。

在双绞线电缆内，不同线对具有不同的绞距长度。一般地说，4对双绞线绞距在38.1 mm内，按逆时针方向扭绞，一对线对的扭绞长度在12.7mm以内。

二、双绞线连接器

连接器是用于端接通信电缆和把电缆与通信设备或者其他电缆连接起来的机械设备。RJ插头用于双绞线电缆和网卡或其他设备如集线器、调制解调器、电话等连接，采用ISO/IEC 8877标准设计制造。根据双绞线电缆的类型，RJ插头也有不同的规格，常见的是用于电话的RJ-11型插头（4线）以及RJ-45型插头（8线），如图2-21所示。

RJ-11 水晶头

5类RJ-45水晶头

6类RJ-45水晶头

图2-21 双绞线连接器

 小提示

所有的连接器的基本用途都相同，这些基本用途是：提供电缆导线或者光纤接口，提供一个对电缆建立连接和释放连接的方便途径；提高连接的稳定性，防止电缆滑脱或断开；建立一个低损耗的电通道或者光通道。

三、非屏蔽双绞线类型

非屏蔽双绞线（UTP）电缆是通信系统和结构化布线系统中最普遍的传输介质，如图2-19所示，并且因其灵活性而广泛应用。UTP电缆可以用于语音、低速数据、高速数据、音频和呼叫系统，以及楼宇自动控制系统。

非屏蔽双绞线根据传输特性可以分为7类，如表2-4所示。

表 2-4　非屏蔽双绞线类型

类型	导线对数	传输率	应用特性
1 类	2	话音级	用于电话场合，但不适合数据传输（也可以用于短距离场合）
2 类	2	4Mbit/s	可以用于数据通信，但实际很少使用；568-A 标准中没有此种类型
3 类	4	10 Mbit/s	用于 10Base-T 网络及语音通信
4 类	4	16 Mbit/s	用于语音传输和 IBM 令牌环网
5 类	4	100 Mbit/s	用于语音传输和以太网 100Base-X 网络
6 类	4	1000 Mbit/s	满足大多数应用需要，尤其支持千兆以太网 1000Base-T
7 类	4	1000 Mbit/s	支持千兆以太网 1000Base-T

> **注意**
>
> 　　6 类线的最高带宽可达 350 MHz，有效带宽是 200 MHz，同时采用一个 8 端口模块化插座和插头。可以传输语音、数据和视频，足以应付高速和多媒体网络的需要。7 类的最高带宽是 600 MHz，有效带宽是 450 MHz，采用屏蔽双绞线电缆。
>
> 　　现有的超 5 类线（CAT5E）不能正式支持 10GBase-T，6 类线（CAT6）也有 37m 的距离限制且无法保证信号传输质量，但增强型 6 类线（AC6）可在 100 m 的距离内实现信号高速传输。7 类线缆技术提供高达 600 MHz 的带宽，这是所有类型的铜线缆中最高的带宽，可用于万兆以太网等新技术。

四、双绞线外观标识

通常我们使用的双绞线，不同生产商的产品标志可能不同，但一般包括以下一些信息：
- 双绞线类型；
- NEC/UL 防火测试和级别；
- CSA 防火测试；
- 长度标志；
- 生产日期；
- 双绞线的生产商和产品号码。

下面以 "AVAYA-C SYSTIMAX 1061C+4/24AWG CM VERIFIED-UL CAT5E 31086FEET 09745.0 METERS" 这样的双绞线外观的信息为例来进行说明。

这些记号提供了这条双绞线的以下信息：
- AVAYA-C SYSTIMAX：该双绞线的生产商。
- 1061C+：该双绞线的产品号。
- 4/24：这条双绞线是由 4 对 24 AWG 电线的线对所构成。
- CM：通信通用电缆，CM 是 NEC（美国国家电气规程）中防火耐烟等级中的一种。
- VERIFIED UL：说明双绞线满足 UL（保险业者实验室，Underwriters Laboratories Inc.）的标准要求。UL 成立于 1984 年，是一家非营利的独立组织，致力于产品的安全性测试和认证。
- CAT 5E：指该双绞线通过 UL 测试，达到超 5 类标准。双绞线种类有 3 类、4 类、5 类、超 5 类、6 类、超 6 类等，甚至最近有人提出 7 类，对于这几种双绞线的技术指标，得到公认的只有从 3 类到超 5 类。目前市场上常用的双绞线是 5 类和超 5 类。5 类线主要是针对 100 Mbit/s 网络提出的，该标准最为成熟，也是当今市场的主流。后来开发千兆以太网时许多厂商把可以运行千兆以太网的 5 类产品冠以"增强型"Enhanced Cat 5，简称 5e 推向市场。美国的 TIA/EIA 568A-5 是 5e 标准。5e 也被人们称为"超 5 类"或"5 类增强型"。

- 31086FEET 09745.0 METERS：表示生产这条双绞线时的长度点。这个标记对于我们使用双绞线时非常实用。如果你想知道一箱双绞线的长度，可以找到双绞线的头部和尾部的长度标记相减后得出（1 英尺等于 0.3048 m），有的双绞线以 m 作为单位。

另有一条双绞线的外观信息如下："AMP NETCONNECT ENHANCED CATEGORY 5 CABLE E138034 1300 24AWG UL CMR/MPR OR CUL CMG/MPG VERIFIED UL CAT 5 1347204FT 9843"。

除了和第一条相同的标志外，还有：
- ENHANCED CATEGORY 5 CABLE：该双绞线属于超 5 类。
- E138034 1300：其产品号。
- CMR/MPR、CMG/MPG：该双绞线的类型。
- CUL：双绞线同时还符合加拿大的标准。
- 1347204FT：双绞线的长度点（FT 为英尺的缩写）。
- 9843：制造厂的生产日期，这里是 1998 年第 43 周。

五、6 类双绞线

随着计算机技术的飞速发展，快速通信的需求对网络速率的要求日益提高，作为网络的通信平台——综合布线系统的带宽也在不断增加。综合布线系统由 5 类发展为超 5 类，目前 6 类、7 类也逐渐为用户所接受。经过近些年十几次的修改完善，6 类双绞线布线系统已形成了一套比较完整的标准体系。

6 类标准的出台将会掀起新的使用热潮。在 ISO 11801 和 TIA 568 草案中都把 6 类布线系统定为 250 MHz。对于电缆、连接器、链路和信道，所有的性能参数，都定为这个频率。早先的 6 类系统草案定在 200 MHz，但由于 IT 行业特别是 IEEE（电气和电子工程师协会）的要求，于是提高了 25%，即现在的 250MHz。6 类布线系统与超 5 类布线系统相比，除带宽从 100 Hz 增加到 250 Hz 外，主要有以下两点不同之处：

1. 物理属性

6 类系统产品的双绞 4 线对电缆和 RJ-45 连接器等都没有变化，布线系统体系结构和定义也没有变化，而其他方面都有改变。符合目前标准草案的 6 类系统要求所有的厂家重新设计其产品。新的电缆构造形式是在电缆中建一个十字交叉中心，把 4 个线对分成独立的信号区。这样既可以提高电缆的 NEXT 性能，还可以减少在安装过程中由于电缆连接和弯曲引起的电缆物理上的失真。许多厂家都增加了电线的交叉部分区域，把 24AWG 改为 23AWG，尽量把衰减损耗减至最小。很多厂家顺着线对增加了每米长度内的扭绞数，电缆中 4 线对的各个线对之间扭绞数的差别又提高了 NEXT 性能。在这些情况下，要注意确定传输延迟和延迟偏差是否受到影响，布线系统的这两个重要参数是否合格。

在跳线插头上也有很大的衰减。所有的厂家都在为他们的 6 类系统插座设计特殊的插头，以提供额外的频率补偿，使配对的线对符合规范。有些厂家通过在插头里插入塑胶来把电线分隔开，另一些则在插头中插入印制电路板（PCB）。

2．传输性能

除了超 5 类系统规范中的参数外，6 类系统规范中又增加了一些性能参数。它们是插入损耗（替代衰减）、插入损耗偏差、纵向转化损耗（LCL）和纵向转化传输损耗（LCTL）。6 类和超 5 类系统中的参数的性能标准都得到了增加，一般超过频带 3～10 dB。超 5 类系统的 0 dB PSACR 点规定为 130MHz 左右，而 6 类系统则规定为 202 MHz 左右。

自 2001 年开始，相继推出 10 个修订版本后，2002 年 6 月，ANSI/TIA/EIA568-B 铜缆双绞线 6 类线标准已经正式出台。国际标准 ISO/IEC JTC/SC 25/WG3 N 598 工作组编写的铜缆 6 类线标准也正式出台。

六、7 类双绞线

然而，技术还在不断进步，250 MHz 带宽只能暂时满足人们的需要。因此，标准制定机构和制造商正在考虑利用一种新型的铜缆系统，其带宽可以高达 600 MHz。人们将这种系统称为 7 类电缆，采用这种系统可以极大地扩展局域网的功能。除了带宽，6 类和 7 类系统的另外一个差别在于其结构。6 类布线系统既可以使用 UTP，也可以使用 STP，而 7 类系统只基于屏蔽电缆。在 7 类线缆中，每一对线都有一个屏蔽层，4 对线合在一起还有一个公共大屏蔽层。从物理结构上来看，额外的屏蔽层使得 7 类线有一个较大的线径。还有一个重要区别在于其连接硬件的能力，7 类系统的参数要求连接头在 600 MHz 时，所有的线对提供至少 60 dB 的综合近端串扰。而超 5 类系统只要求在 100 MHz 提供 43dB，6 类在 250 MHz 的数值为 46 dB。

实 训 一

要求能够识别常见电缆的标识，能够从线缆标识中获得线缆的基本参数，培养观察能力，熟悉线缆的标准。

（1）实训材料准备：5E 类 UTP 双绞线、STP 双绞线、6 类 UTP 绞合电缆、25 对 24AWG UTP 电缆若干。

（2）实训步骤如下：

分别观察上述线缆，将表 2-5 填充完整。

表 2-5　各种电缆对比

线缆名称	外观标识	电缆对数	有否屏蔽层	屏蔽方式	铜线股数/导数

实 训 二

要求掌握双绞线直通跳线的制作，该制作是综合布线工程的基础，需要熟练掌握制作直通跳线的方法，在平时的练习过程中，注意速度的训练，提高制作跳线的速度，并保证每做一条跳线都能通过测试。

实训中需要掌握 EIA/TIA 568-A 和 EIA/TIA 568-B 标准，不可以把两种标准混淆。

（1）实训材料准备：RJ-45 水晶头若干、40 cm 双绞线若干段。

（2）实训工具准备：剥线钳、RJ-45 压接钳。

（3）步骤如下：

① 按照"任务实现"中给出的步骤要进行双绞线直通跳线制作。

② 测试。

③ 填写表 2-6。

表 2-6 直通跳线制作

过　程　检　查	是 或 否
准备实验环境	
是否按照操作步骤进行操作	
将双绞线插入水晶头之前是否检查颜色顺序	
插入水晶头之后双绞线 8 根线是否都和水晶头底端相接触	
检查双绞线的保护套管是否被压入水晶头	
测试是否通过	
清理实验环境	

实　训　三

要求掌握双绞线交叉跳线的制作，该制作是综合布线工程的基础，需要熟练掌握制作交叉跳线的方法，在平时的练习过程中，注意速度的训练，提高制作跳线的速度，并保证每做一条跳线都能通过测试。

（1）实训材料准备：RJ-45 水晶头若干 、40 cm 双绞线若干段。

（2）实训工具准备：剥线钳、RJ-45 压接钳。

（3）步骤如下：

① 按照"任务实现"中给出的步骤要进行双绞线交叉跳线制作。

② 测试。

③ 填写表 2-7。

表 2-7 交叉跳线制作

过　程　检　查	是 或 否
准备实验环境	
是否按照操作步骤进行操作	
将双绞线插入水晶头之前是否检查颜色顺序（区别于直通跳线）	
插入水晶头之后双绞线 8 根线是否都和水晶头底端相接触	
检查双绞线的保护套管是否被压入水晶头	
检查颜色顺序是否正确	
测试是否成功	
清理实验环境	

实训完成后，填写实训评价表，如表 2-8 所示。

表 2-8 任务一实训评价表

评价项目		自己评价	同学评价	老师评价
职业能力	准确识别线缆表示			
	从线缆标识中获得参数			
	熟悉 EIA/TIA568-A 和 EIA/TIA568-B 的标准			
	熟悉制作流程			
	熟悉测试方法			
通用能力	观察能力			
	动手能力			
	自我提高能力			
	创新能力			
综合评价				

任务二　同轴电缆制作

任务描述

目前，虽然同轴电缆大量被非屏蔽双绞线或光纤取代，但由于其具有较高的带宽和极好的噪声抑制特性，仍广泛应用于有线电视和某些局域网。因此也需要掌握同轴电缆的制作方法。

预备知识

同轴电缆网线的制作材料主要包括以下几种：同轴电缆（包括"粗缆"和"细缆"两种）、中继器、收发器（用细同轴电缆组网时没有这一项）、收发器电缆（用细同轴电缆组网时也没有这一项）、粗同轴电缆网线附件（N 系列接头、N 系列终接器、N 系列端接器）、细同轴电缆附件（BNC 连接器、BNC T 型接头、BNC 终接器），如图 2-22 所示。

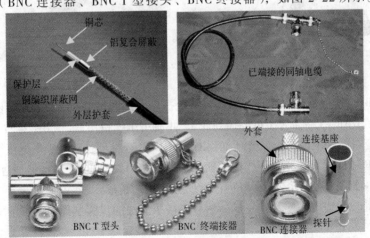

图 2-22 同轴电缆及配件

制作同轴电缆网线工具有压线钳等和剥线钳，如图 2-23 所示。

图 2-23　制作同轴电缆的工具

任务实现

（1）准备好 RG-59 铜轴电缆（即细缆）、BNC 接头、压线钳和剥线钳，如图 2-24 所示。

图 2-24　BNC 接头、压线钳、剥线钳

（2）用同轴电缆专用剥线钳将细缆外皮剥除，露出芯线长约 3 mm，白色保护层约 4 mm，屏蔽层约 8 mm，如图 2-25 所示。

（3）将探针套入网线的芯线上，一直要插到底，然后再把套上探针的芯线插入到同轴电缆专用压线钳中间的探针小圆孔中压紧，使探针与网线芯线紧连，如图 2-26 所示。

图 2-25　剥露芯线效果　　　　图 2-26　套入探针效果

（4）将 BNC 连接器金属套环套入压好镀金探针的细同轴电缆，然后再将网线连接探针的一端从 BNC 接头小的一端插入（也要插到底），并使用压线钳压紧，如图 2-27 所示。

（5）把套在同轴电缆的金属套环推到网线与 BNC 连接器连接处，再把压线钳的六角缺口卡在确定好的套环位置上，紧握压线钳手柄，紧压，使网线与 BNC 连接器通过 BNC 金属套环紧紧连接起来，如图 2-28 所示。压好后的金属套环呈六角形。

（6）至此，细缆的一端制作完成，然后，按照上面的步骤制作另一端的 BNC 接头。

图 2-27 压紧套环

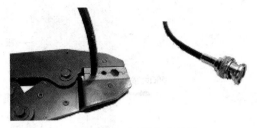
图 2-28 压制完成效果

知识链接

同轴电缆（coaxial cable）是由中心导体、绝缘材料层、网状织物构成的屏蔽层以及外部隔离材料层组成，如图 2-22 所示。其频率特性比双绞线好，能进行较高速率的传输。由于它的屏蔽性能好，抗干扰能力强，通常多用于基带传输。

小提示

所谓基带传输是指信道上传输的没有经过调制的数字信号。在某些信道中（如无线信道、光纤信道）由于不能直接传输基带信号，故要利用调制和解调技术，即利用基带信号对载波波形的某些参数进行调控，从而得到易于在信道中传输的被调波形。其载波通常采用正弦波，而正弦波有三个能携带信息的参数，即幅度、频率和相位，控制这三个参数之一就可使基带信号沿着信道顺利传输。当然，在到达接收端时均需作相应的反变换，以便还原成发送端的基带信号。这就是所谓的宽带传输。

一、同轴电缆及连接器

1. 同轴电缆

同轴电缆可分为两种基本类型，基带同轴电缆和宽带同轴电缆。目前基带常用的电缆，其屏蔽线是用铜网做成的，特征阻抗为 50 Ω，如 RG-8、RG-58 等。宽带常用的电缆，其屏蔽层通常是用铝冲压成的。特征阻抗为 75 Ω，如 RG-59 等。

粗同轴电缆与细同轴电缆是指同轴电缆的直径大小。粗缆适用于比较大型的局部网络，它的标准距离长、可靠性高。由于安装时不需要切断电缆，因此可以根据需要灵活调整计算机的入网位置。但粗缆网络必须安装收发器和收发器电缆，安装难度也大，所以总体造价高。相反，细缆则比较简单、造价低。但由于安装过程要切断电缆，两头装上基本网络连接头（BNC），然后接在 T 型连接器两端，所以当接头多时容易产生接触不良的隐患，这是目前运行中的以太网所发生的最常见故障之一。

为了保持同轴电缆的正确电气特性，电缆屏蔽层必须接地。同时两头要有终端来削弱信号反射作用。

无论是粗缆还是细缆均采用总线拓扑结构，即一根缆上接多部机器，如图 2-29 这种拓扑适用于机器密集的环境。但是当一触点发生故障时，故障会串联影响到整根缆上的所有机器，故障的诊断和修复都很麻烦。所以，同轴电缆逐步被非屏蔽双绞线或光缆取代。

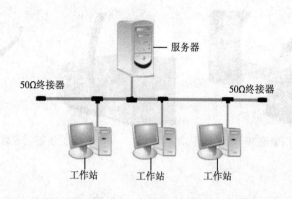

图 2-29 总线拓扑结构

2．同轴电缆连接器

同轴电缆一般安装在设备与设备之间。在每一个用户位置上都装有一个连接器为用户提供接口。同轴电缆连接器是专门为同轴电缆设计的连接器。同轴电缆连接器把中心导线与电缆金属箔和网状屏蔽层隔离开来，还为同轴电缆的金属箔和网状屏蔽层提供了连接件。

现在用于通信工业的同轴电缆连接器有很多不同的类型，这是因为用于不同通信系统的同轴电缆有多种不同的尺寸和类型。一些常见的同轴电缆连接器有：N 型连接器、BNC 连接器、F 型连接器。

（1）N 型连接器

N 型同轴电缆连接器适用于 50 Ω 同轴粗缆的连接器，又称 RG-8 粗缆连接器，如图 2-30 所示。N 型连接器作为大型连接器，它所支持的 50 Ω 同轴粗缆主要用于早期的以太局域网。

N 型同轴连接器结构

N 型同轴连接器端接

图 2-30 N 型同轴电缆连接器

N 型同轴电缆连接器是螺口连接器，它用于同轴电缆的端接。这种螺口连接器既可以接在 N 型端接器上也可以接在 N 型节套连接器上，端接器是端接同轴电缆的设备，节套连接器用于扩增同轴电缆的长度。

（2）BNC 连接器

BNC 连接器是和 50 Ω 细缆（有时又称 RG58A 细缆）一起用的连接器（见图 2-22）。单个的 BNC 连接器接在 RG58 同轴电缆的末端。

BNC 连接器是卡口式连接器。连接器设计成滑动插入连接器，然后通过旋转固定。旋转一半可以把连接器锁住，往相反方向旋转一半可以解除锁定。

BNC 连接器在细缆以太局域网中应用非常广泛。RG58 同轴电缆用 Male 式 BNC 连接器端接。BNC T 型连接器是用来把两条 RG58 电缆连接在一起的。细缆以太网卡的后面装有一个 BNC 连接器,这样以太网卡旋转半圈就可以和 BNC 连接器相接。

(3) F 型连接器

F 型连接器一般用在 TV 系统和 CCTV 系统的 75Ω 同轴电缆上,如图 2-31 所示。F 型连接器都安装在 75ΩRG59 或 RG-6 的同轴电缆上。F 型连接器是螺口连接器。连接器通过螺口与通信设备上的 F 型连接器拧在一起,或者拧在耦合器上。耦合可以使两条同轴电缆连接在一起。其技术要求符合 IEC603-F 和 DIN41612 标准,有焊接式、绕接式、电缆式、压接式等。

图 2-31　F 型同轴电缆连接器

二、同轴电缆的种类

当前,同轴电缆的型号一般有如下几种:

- RG-8 或 RG-11　　　50Ω
- RG-58　　　　　　　50Ω
- RG-59　　　　　　　75Ω
- RG-62　　　　　　　93Ω

计算机网络一般选用 RG-8 以太网粗缆和 RG-58 以太网细缆;RG-59 用于电视系统;RG-62 用于 ARCnet 网络和 IBM 3270 网络。

 小提示

> 同轴电缆接口的安装方法如下:
>
> 细缆:将细缆切断,两头装上 BNC 连接器,然后接在 T 型连接器两端,用于传输速率为 1 Mbit/s 的网络。
>
> 粗缆:粗缆一般采用一种类似夹板的 Tap 装置进行安装,它利用 Tap 上的引导针穿透电缆的绝缘层,直接与导体相连。电缆两端头要有终接器来削弱信号的反射作用。用于传输速率为 10 Mbit/s 的网络。

实　训　一

要求能够认识常见同轴电缆,熟悉电缆参数,培养观察能力,熟悉线缆的标准。

(1) 实训材料准备:5e 类 UTP 双绞线、STP 双绞线、6 类 UTP 绞合电缆、25 对 24AWG UTP 电缆若干。

(2) 实训步骤如下:

观察准备的电缆或者走访市场,或者通过 Internet 了解同轴电缆的外观及型号,将表 2-9 填充完整。

表 2-9 各种同轴电缆对比

线缆名称	型号	阻抗	应用范畴

实 训 二

要求掌握同轴电缆与 BNC 头的压接方法,该制作是综合布线工程的基础,需要熟练掌握,在平时的练习过程中,注意速度的训练,提高制作速度,并保证能通过测试。

(1)实训材料准备:RG-59 细缆 50cm、 BNC 头两套、T 型头。
(2)实训工具:剥线刀、BNC 头压接钳。
(3)实训步骤如下:
① 按照"任务实现"中给出的步骤进行同轴电缆制作。
② 测试。
③ 填写表 2-10。

表 2-10 BNC 头压接

过　程　检　查	是或否
准备实验环境	
是否按照操作步骤进行操作	
检查探针与网线芯线紧连	
检查金属套环是否已经套入压好镀金探针的细同轴电缆	
检查金属套环是否已经压好	
测试是否通过	
清理实验环境	

实训完成后填写实训评价表,见表 2-11。

表 2-11 任务二实训评价表

评价项目		自己评价	同学评价	老师评价
职业能力	准确识别线缆标识			
	从线缆标识中获得参数			
	熟悉 T568A 和 T568B 的标准			
	熟悉制作流程			
	熟悉测试方法			
通用能力	观察能力			
	动手能力			
	自我提高能力			
	创新能力			
综合评价				

任务三 光纤熔接

任务描述

光纤作为一种传输媒介,它可以像一般铜缆线,传送电话通话或计算机数据等资料,但有所不同的是,光纤传送的是光信号而非电信号。由于光束不受外界电磁干扰与影响,而且本身也不向外辐射信号,加上提供极宽的频带且功率损耗小,所以光纤具有传输距离长(多模光纤为 2 km 以上,单模光纤则有上百千米,如我们熟知的海底通信光缆)、传输率高(可达数千兆比特每秒)、保密性强(不会受到电子监听)等优点,适用于高速局域网、远距离的信息传输以及主干网连接。近年来,由于布线标准的改变以及光电器件、光缆、连接器技术的发展和应用带宽的逐步升级,"光纤到桌面"已成为布线系统中的最新方案。因此,掌握光纤的熔接工艺,对于布线施工员来说,已经成为必要的技能。

预备知识

光纤熔接技术主要是用熔纤机将光纤和光纤或光纤和尾纤连接,把光缆中的裸纤和光纤尾纤熔合在一起变成一个整体,而尾纤则有一个单独的光纤头。在光纤的熔接过程中用到的主要材料及工具如表 2-12 所示。

表 2-12 光纤熔接部分材料及工具

材料名称	作 用	工具名称	作 用
铠装光缆	光纤的一种	熔接机	用于光纤间的永久性连接
尾纤	通过熔接与其他光缆纤芯相连	台式切割刀	用于光纤切割
清洁布	用于连接器端头清洁	光纤陶瓷剪刀	切断凯弗拉线
酒精棉	用于清洁光纤	光纤剥线钳	剥离光纤护套、涂覆层等

续表

材料名称	作用	工具名称	作用
耦合器	用于光纤的活动连接	笔式切割刀	用于光纤切割
镜头纸	用于清洁光纤	无水酒精	用于清洁光纤
热缩套管	用在光缆接头的地方，遇到热就收缩，主要是保护光纤接头的地方	光纤接续盒	用于光纤的续接

光纤熔接工艺流程如图 2-32 所示。

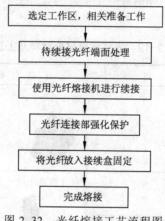

图 2-32　光纤熔接工艺流程图

任务实现

一、选定工作区

工作区是进行光纤端接操作的地方，在进行光纤端接的时候需要选定一个比较合适的工作区，应注意以下几点：
- 避免选择空气污染和灰尘较大的区域。
- 避免选择管道下面和有风区作为工作区。
- 工作区应该照明较好。

二、材料及工具准备

光纤熔接需要的工具包括美工刀、老虎钳、尖嘴钳、剥线钳、光纤清洁用具、光纤头压接钳、光纤陶瓷剪刀、双口光纤涂覆层剥离钳、酒精泵、光纤熔接机。光纤熔接需要用到的部分工具如图 2-33 和图 2-34 所示。

图 2-33 光纤熔接所需工具

图 2-34 光纤熔接机

光纤熔接需用到的材料：光纤接续盒、铠装光缆、无水酒精、无纺布（或者镜头纸）、光纤热缩套管。

> **小提示**
>
> ① 进入实验前，必须先洗净双手，自备擦手毛巾。实验中，如果弄脏双手或者手的汗太多，都应该洗手后再继续工作（因为光纤会沾上皮肤油脂）。
> ② 为保证低损耗、高强度的熔接，请在熔接准备时首先将光纤清洁干净，并尽可能精确地切断光纤。
> ③ 光纤熔接机是精密仪器，为获得良好的接续效果，请在清洁的环境中小心使用。温度和湿度条件对于熔接质量的稳定十分重要。
> ④ 小心使用光纤，因为光纤极易刺破皮肤并折断。切断光纤时，请勿随处丢弃碎纤。保证熔接机和切割刀周围清洁整齐。
> ⑤ 在熔接作业开始前应进行放电试验，以确保放电条件适合施工现场环境。放电试验能自动调节因光纤不同、环境变化及电极劣化而产生的条件改变。
> ⑥ 熔接机应远离易燃易爆气体。气体易在通风不良的隧道或人多处聚集，请按要求进行各项试验，以及清洁及通风操作。

三、光纤熔接的具体步骤

（1）剥光纤加固钢丝，约剥 1 m 长，如图 2-35 所示。

图 2-35 剥光纤加固钢丝

（2）剥光纤外皮，如图 2-36 所示。
（3）剥光纤金属保护层（用美工刀轻刻），如图 2-37 所示。

（4）轻拆光纤让金属保护层断裂，如图2-38所示。

图2-36 剥光纤外皮　　　　图2-37 剥光纤金属保护层　　　　图2-38 让金属保护层断裂

（5）剥开光纤外套塑料保护管。

① 用美工刀在塑料保护管四周轻刻，不要太用力，以免损伤光纤，如图2-39所示。

② 轻拆光纤让塑料保护管断开，弯角不能大于45°，如图2-40所示。

③ 轻轻拉开塑料保护管露出光纤，如图2-41所示。

图2-39 轻刻保护管　　　　图2-40 断开保护管　　　　图2-41 轻拉保护管

（6）清洁光纤。

① 用无纺布（或者镜头纸）蘸酒精，如图2-42所示。

② 清洁每一根光纤，如图2-43所示。

 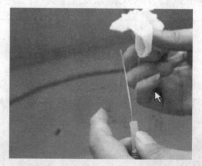

图2-42 用无纺布蘸酒精　　　　图2-43 清洁每一根光纤

（7）光纤熔接前处理。

① 套上光纤热缩套管，如图2-44所示。

② 用光纤切割器切断光纤，如图2-45所示。

③ 将切割好的光纤放到光纤熔接机的一侧，如图2-46所示。

④ 固定好光纤，如图2-47所示。

图 2-44　套上热缩套管

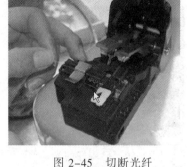
图 2-45　切断光纤

图 2-46　放置光纤

图 2-47　固定光纤

（8）光纤跳线的加工。

① 将光纤跳线，如图 2-48 所示，当中剪断分开。

② 剪掉光纤跳线石棉保护层，如图 2-49 所示。剥好的跳线内缓冲层与涂覆层之间长度至少为 20mm，如图 2-50 所示。

图 2-48　光纤跳线

图 2-49　去除石棉保护层

 小提示

用光纤剥线钳一次性剥除 20~30 mm 长的光纤被覆层。剥除时，光纤保持平直，绝对不准用力弯曲光纤或把光纤缠在手指上。

光纤涂面层的剥除，要掌握平、稳、快三字剥纤法。"平"，即持纤要平。左手拇指和食指捏紧光纤，使之成水平状，所露长度以 5 mm 为准，余纤在无名指、小拇指之间自然打弯，以增加力度，防止打滑。"稳"，即剥线钳要握得稳。"快"即剥纤要快，剥线钳应与光纤垂直，上方向内倾斜一定角度，然后用钳口轻轻卡住光纤，右手随之用力，顺光纤轴向平推出去，整个过程要自然流畅，一气呵成。

③ 用蘸无水酒精的无纺布或者镜头纸将光纤擦试干净，如图 2-51 所示。

图 2-50　已剥好的光纤

图 2-51　清洁光纤

④ 用光纤切割器切开光纤跳线，如图 2-52 所示。
⑤ 将剪好的光纤跳线放到光纤熔接机的另一侧，如图 2-53 所示。

图 2-52　切割光纤跳线

图 2-53　放置光纤跳线

⑥ 固定光纤跳线，如图 2-54 所示。

（9）光纤熔接。

① 按光纤熔接机上【SET】键开始熔接光纤，如图 2-55 所示。

图 2-54　固定光纤跳线

图 2-55　熔接光纤

② 光纤 X、Y 轴自动调节，如图 2-56 所示。
③ 熔接结束观察损耗值，熔接不成功会告知原因，如图 2-57 所示。

图 2-56　自动调节位置

图 2-57　显示结果

④ 用光纤热缩套管完全套住剥掉绝缘层部分，如图 2-58 所示。
⑤ 将套好热缩套管的光纤放到加热器中，如图 2-59 所示。
⑥ 按【HEAT】键加热，如图 2-60 所示。
⑦ 取出加热好的光纤，如图 2-61 所示。

重复上述步骤至其他光纤熔接完成。

图 2-58　安装热缩套管

图 2-59　放入加热器

图 2-60　加热

图 2-61　取出已经加工好的光纤

（10）将熔接好的光纤装入光纤收容箱。
① 取出加热好的光纤，将熔接好的光纤装入光纤收容箱，如图 2-62 所示。
② 用封箱胶纸进行固定，如图 2-63 所示。
③ 取出加热好的光纤固定好，并将光纤接头接入光纤耦合器，如图 2-64 所示。
④ 取出加热好的光纤跳线的另一头（方口）接入 SWITCH HUB 光纤模块，如图 2-65 所示。

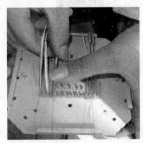

图 2-62　光纤在收容箱中排线

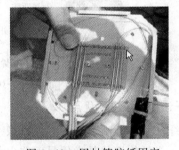

图 2-63　用封箱胶纸固定

图 2-64　接入光纤耦合器

图 2-65　接入光纤模块

四、测试

将激光笔（或者其他光源）对准光纤的一头，然后在另一头看看有没有光点（注意：不要直视），如有则证明光纤链路是好的，如没有则证明光纤链路是断的，如图2-66和图2-67所示。

图2-66 激光笔

图2-67 其他光源

知识链接

一、光纤概述

光纤通信系统是以光波为载体、光纤为传输介质的通信方式。光缆是数据传输中最有效的一种传输介质，由光纤扎成束组成。

1. 光纤的结构

光纤和同轴电缆相似，只是没有网状屏蔽层。纤芯通常是由石英玻璃制成的横截面积很小的双层同心圆柱体。它质地脆，易断裂，因此需要外加一个保护层，如图2-68所示。

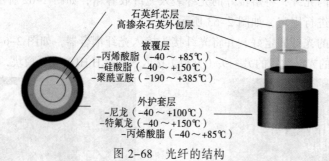

图2-68 光纤的结构

2. 光纤通信系统主要优点

由于光纤是一种传输媒介，它可以像一般铜缆线，传送电话通话或计算机数据等资料，所不同的是，光纤传送的是光信号而非电信号。光纤通信成为现阶段通信的支柱，主要有以下几个优点：

- 传输频带宽、通信容量大，短距离时传输速率可达几吉比特每秒；
- 线路损耗低、传输距离远；
- 抗干扰能力强，应用范围广；
- 线径细、质量小；
- 抗化学腐蚀能力强；
- 光纤制造资源丰富。

二、光纤的种类

光纤主要有两大类,即单模光纤和多模光纤,如图 2-69 所示。

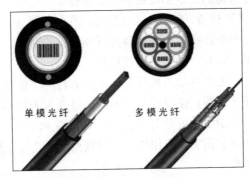

图 2-69 单模光纤和多模光纤

在多模光纤中,芯的直径是 15~50 μm,大致与人的头发的粗细相当;而单模光纤芯的直径为 8~10μm。在网络工程中,一般是 62.5 μm/125 μm 规格的多模光纤,有时也用 50 μm/125 μm 和 100 μm/140 μm 规格的多模光纤。户外布线大于 2 km 时可选用单模光纤。

常用的光纤有:

- 纤芯直径为 8.3 μm,外层直径为 125 μm 的单模光纤。
- 纤芯直径为 62.5 μm,外层直径为 125 μm 的多模光纤。
- 纤芯直径为 50 μm,外层直径为 125 μm 的多模光纤。
- 纤芯直径为 100 μm,外层直径为 140 μm 的多模光纤。

三、光缆

将多根光纤拧在一起像绳子一样,就叫光缆。常见光缆分类见表 2-13。

表 2-13 光缆常见分类

分 类 方 法	光 缆 种 类
按所使用的光纤分类	单模光缆、多模光缆
按缆芯结构划分	层绞式、骨架式、大束管式、带式、单元式
按外护套结构分类	无铠装、钢带铠装、钢丝铠装
按光缆中有无金属分类	有金属光缆、无金属光缆
按敷设方式分类	直埋光缆、管道光缆、架空光缆、水底光缆
按适用范围分类	中继光缆、海底光缆、用户光缆、局内光缆、长途光缆
按维护方式分类	充油光缆、充气光缆

尾纤又叫猪尾线,只有一端有连接头,另一端是一根光缆纤芯的断头,通过熔接与其他光缆纤芯相连,常出现在光纤终端盒内,用于连接光缆与光纤收发器(之间还用到耦合器、跳线等)。

四、光纤连接器

就像用铜缆连接器端接铜缆一样,光纤连接器是用来对光缆进行端接的。但光纤连接器与铜缆连接器不同,它的首要功能是把两条光缆的纤芯对齐,提供低损耗的连接。光缆不能提供两条光缆之间的电气连接,连接器的对准功能使得光线可以从一条光缆进入另一条光缆或者通信设备。实际上,光纤连接器的对准功能必须非常精确。

光纤连接器为 male 式连接器,female 式连接器用在通信设备上。耦合器是把两条光缆连接在一起的设备,使用时把两个连接器分别插到光纤耦合器的两端。耦合器的作用是把两个连接器对齐,保证两个连接器之间有一个低的连接损耗。

按照不同的分类方法,光纤连接器可以分为不同的种类。按照传输媒介的不同,可分为单模光纤连接器和多模光纤连接器;按照结构的不同,可分为 FC、SC、ST、D4、DIN、MT 等各种形式;按照连接器的插针端面,可分为 FC、PC(UPC)和 APC 三种形式;按照光纤芯数的差别,还有单芯、多芯之分。在实际应用中,一般按照光纤连接器结构的不同来加以区分,常见的光纤连接器有以下几种。

1. FC 型光纤连接器

FC 是 ferrule connector 的缩写,图 2-70 表明其外部加强方式是采用金属套,紧固方式为螺钉扣。最早的 FC 类型的连接器采用的陶瓷插针的对接端面是平面接触方式(FC)。此类连接器结构简单,操作方便,制作容易,但光纤端面对微尘较为敏感,且容易产生菲涅尔反射,提高回波损耗性能较为困难。后来,对该类型连接器做了改进,采用对接端面呈球面的插针(PC),而外部结构没有改变,使得插入损耗和回波损耗性能有了较大的提高。

2. SC 型光纤连接器

SC 型光纤连接器外壳呈矩形,它与 RJ-45 相当,所采用的插针与耦合套筒的结构尺寸与FC 型完全相同,如图 2-71 所示。其中,插针的端面多采用 PC(球面)型或 APC 型(研磨)方式;紧固方式采用插拔销闩式,不须旋转。此类连接器价格低廉,插拔操作方便,介入损耗波动小,抗压强度高,安装密度高。SC 型连接器主要用来连接两条光纤束,但制作起来比较困难。

图 2-70 FC 连接器

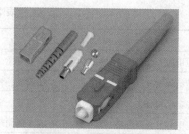

图 2-71 SC 连接器

3. ST 型光纤连接器

ST 型光纤连接器在网络工程中最为常用,其中心是一个陶瓷套管,外壳呈圆形,所采用的插针与耦合套筒的结构尺寸与 FC 型完全相同,如图 2-72 所示。其中,插针的端面采用 PC 型或 APC 型研磨方式,紧固方式为螺钉扣。安装时必须人工或用机器将光纤抛光,去掉所有的杂痕,外壳旋转 90° 就可以将插头连接到护套上。ST 型光纤连接器适用于各种光纤网络,它的操作简便而且具有良好的互换性。

4．SMA 连接器

SMA 连接器外观与 ST 连接器相似，但外壳连接采用螺纹，与护套连接方式更紧密，特别适合在有强烈震动的地方使用，如图 2-73 所示。如果使用两条光纤来传输网络信号，则 ST 和 SMA 都是在每个光纤上安装一个连接器，两个连接器的护套上分别有不同的颜色标记，以区别光纤束。

图 2-72　ST 连接器

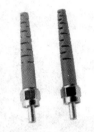

图 2-73　SMA 连接器

5．LC 型光纤连接器

LC 型光纤连接器是著名的贝尔所研究开发的，它采用操作方便的模块化插孔闩锁机理制成。该连接器所采用的插针和套筒的尺寸是普通 SC 型、FC 型等连接器所用尺寸的一半，提高了光配线架中光纤连接器的密度，如图 2-74 所示。目前，在单模方面，LC 类型的连接器已经占据了主导地位，且在多模光纤方面的应用也迅速增长。

6．MU 型光纤连接器

MU 型光纤连接器是以 SC 型连接器为基础研发的世界上最小的单芯光纤连接器，该连接器采用 1.25 mm 直径的套管和自保持机构，其优势在于能实现高密度安装，如图 2-75 所示。随着光纤网向更大带宽、更大容量方向的迅速发展，社会对 MU 型光纤连接器的需要也迅速增长。

图 2-74　LC 连接器

图 2-75　MU 连接器

五、光纤熔接机

光纤熔接机（一下简称熔接机）主要用于光通信，光缆的施工和维护。主要是靠放出电弧将两头光纤熔化，同时运用准直原理平缓推进，以实现光纤模场的耦合。

熔接机主要运用于各大电信运营商、工程公司、企事业单位专网等。也用于生产光纤无源和有源器件和模块等的光纤熔接。

熔接机操作步骤如下：（各熔接机操作步骤类似）

1．接通电源后开机

打开箱子取出熔接机，将其放置于坚硬的水平工作台上。打开盖子，竖起 LCD 显示屏。将电源线连接至机身右侧的电源插孔，将开关置于 AC 位置。熔接机启动完毕后蜂鸣器提示，屏幕显示"熔接方式菜单"，如图 2-76 所示。

2. 检查/设定熔接条件

熔接机接通后,屏幕显示含有当前设定的"熔接方式菜单",设定一般为"自动方式"。当前的光纤熔接条件应和被熔接的光纤条件相一致。如需选择不同的光纤类型,则选择下面相应类型,如图2-77所示。

图2-76 光纤熔接机

图2-77 屏幕显示

3. 将热保护套管穿入需熔接的光纤

请确认在光纤剥线及剪断之前,将保护套管套在其中一根需要融接的光纤上,如图2-78所示。热缩套管应在剥覆前穿入,严禁在端面制备后穿入。

4. 切断光纤

用专业的光纤切断工具(光纤切割刀)切断光纤。一般建议切断长为14~16 mm(光纤切断后,不能再触摸,或者擦拭光纤)。光纤熔接机也带有切断功能,详细操作步骤如下:

(1)拉起开关杆以打开光纤夹机械装置。

(2)确定刀刃在前端初始位置。

(3)拉起光纤适配器夹并将光纤置于凹槽内,如图2-79所示。

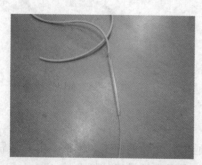
图2-78 套上热缩保护管后的效果

图2-79 放置光纤

(4)将光纤适配器(V形夹具)上的刻度调适到所需切割的长度。

(5)确保光纤保持竖直,关闭光纤适配器夹,如图2-80所示。

(6)合上并关闭光纤夹机械装置。

(7)滑动刀柄切割光纤,如图2-81所示,请注意"2"所在的位置的变动。

(8)拉起开关杆打开光纤夹机械装置。

(9)打开光纤适配器夹,小心拾取光纤。

(10)取走光纤并小心处理残余物。

图 2-80　关闭光纤适配器夹

图 2-81　切割光纤

5．放置光纤

熔接机的参数调整完毕、光纤端面处理好后，可以将处理好的光纤放置于熔接机的 V 形槽中。打开防风盖后，找到位于熔接机顶部中间位置的 V 形槽和光纤夹。首先将光纤夹顶钮向后推，松开光纤夹。抬起光纤夹可同时抬起裸光纤夹和包层光纤夹。将光纤放入 V 形槽，使光纤端面悬伸至熔接部位上方。光纤应大致位于 V 形槽和电极的中间。包层末端应和熔接机上的切断长标记对准。（注意：请勿将光纤端面触及任何部位，以免弄脏或损坏光纤）轻轻将光纤夹压片压下，使得光纤包层夹压紧光纤包层。然后放下裸光纤夹，使光纤嵌入 V 形槽中，如图 2-82 所示。以相同方法处理另一根光纤。关闭防风盖，并确认光纤从防风盖两侧缺口中伸出。

图 2-82　将光纤嵌入 V 形槽

裸纤的清洁、切割和熔接的时间应紧密衔接，不可间隔过长，特别是已制备的端面，切勿放在空气中。移动时要轻拿轻放，防止与其他物件擦碰。在接续中应根据环境，对切刀"V"形槽、压板、刀刃进行清洁，谨防端面污染。

6．自动熔接

按绿色按钮开始自动熔接，如图 2-83 所示。

7．检查熔接结果

若熔接结果良好，屏幕提示"请开防风盖"，并显示"接续损耗"，如图 2-84 所示。如果切割角度不好，则会出现图 2-85 所示的显示。

图 2-83　熔接按钮

图 2-84　熔接良好提示

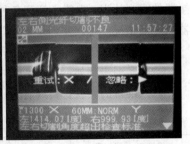
图 2-85　熔接不良

8．取出熔好的光纤并染色

取出熔好的光纤，如图 2-86 所示，为了能显示光纤，这里将光纤染色，将热缩保护套管移至熔接点，如图 2-87 所示。

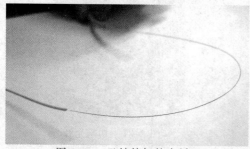
图 2-86　已熔接好的光纤

图 2-87　热缩保护套管位置

9. 目测加热结果

取出熔接和加热完毕的光纤（如未使用热保护套管，此项不做），约 90s 后，熔接机加热完成。抬起两端夹具，取出补强部分。轻拉光纤两端保持其平直。目测加热结果，如图 2-88 所示。

图 2-88　熔接点使用热缩保护管效果

> **小提示**
>
> 套管高温！小心处理。刚加热完毕的套管会粘在加热器上，请稍加等待或用小棒轻碰套管使其脱离。

实　训　一

了解了各种市场上常见的光纤/连接器的型号、参数、生产企业等情况，建立起对光纤/连接器的直观认识，也能了解到各种品牌的市场占用情况。通过市场或者网络也能了解光纤/连接器的发展情况。本次实训培养了学生自主学习、自主总结、社会交际的能力。

（1）实训材料准备：室内光纤若干型号、尾纤、室外光缆若干型号、光纤连接器若干型号。

（2）实训步骤如下：

观察准备的实验材料或者走访电脑市场，或者通过 Internet 了解，将表 2-14 填充完整。

表 2-14　调查市场光纤

光纤/连接器型号	生产标准	带宽	代表产品	生产企业	品牌

续表

光纤/连接器型号	生产标准	带宽	代表产品	生产企业	品牌

实 训 二

使用光纤熔接机端接两条光纤,并使用光源简单检查光纤通断(如端接好的光纤带有连接器)。光纤熔接是综合布线中重要的一环,光纤通过熔接端接可以大幅降低损耗,所以该方法需要熟练掌握。本实训可以锻炼动手能力和实验能力。

(1)熟悉实训安全的注意事项。

(2)实验材料的准备:裸纤或者尾纤或者室外光缆、光纤热缩套管、无纺布或者光纤清洁棒或者镜头纸。

(3)实验工具的准备:光纤剥线钳、光纤涂覆层剥离钳、光纤陶瓷剪刀、酒精泵、光纤熔接机、光纤台式切割刀。

(4)按照光纤熔接任务实现的步骤操作,并填写表 2-15。

表 2-15 光纤熔接记录

过 程 检 查	是 或 否
操作步骤是否熟悉	
实验材料是否完备	
实验工具是否完备	
实验工具是否检查	
确认双手清理干净	
确认光纤已套上热缩管	
确认光纤涂覆层已剥离	
确认剥离涂覆层后的光纤已清洁	
确认光纤已切割	
确认光纤熔接机参数选择正确	
确认熔接成功	
损耗值记录	
确认损耗值符合要求	
热塑管是否加热成功	
是否已清理实验环境	

任务三实训评价表见表 2-16。

表 2-16　任务三实训评价表

评价项目		自己评价	同学评价	老师评价
职业能力	准确识别光纤/光缆			
	准确识别光纤接插件			
	熟悉光纤研磨流程			
	熟悉光纤熔接流程			
	严格按照操作步骤进行操作			
	是否遵守安全生产规范			
通用能力	观察能力			
	动手能力			
	自我提高能力			
	创新能力			
综合评价				

任务四　光纤冷端接

📋 任务描述

光纤冷端接是光纤对接的其中一个方法，是一种快速、耗费较少的高效接续方法，在用户终端处接续光纤时使用较多。通过本任务的学习，掌握光纤冷接的其中一种方式——光纤冷端接。

📖 预备知识

一、光纤冷接

光纤冷接是指用光纤"冷接子"对接光纤或光纤对接尾纤，是一个光缆机械续接的过程，整个接续过程可在 2 min 内完成。光纤对接尾纤的过程叫作冷端接。

二、光纤冷接子

用于冷接续光纤的小接头叫做光纤冷接子，如图 2-89 所示。

图 2-89　冷接子

🔧 任务实现

一、材料及工具准备

光纤冷接需用到的工具如图 2-90～图 2-93 所示，包括剥线钳、清洁酒精、光纤切割刀、冷接端口和测试仪。

（a）剥线钳　　　　　　　（b）清洁酒精

图 2-90　剥线钳和清洁酒精　　　　　　图 2-91　光纤切割刀

项目二　网络传输介质及接插件

图 2-92　冷接端口

图 2-93　测试仪

二、冷接的具体步骤

（1）利用剥线钳剥开光纤线缆第一层保护线皮，如图 2-94 所示。

（2）剥开后看到第二层蓝色线皮，如图 2-95 所示。

图 2-94　剥线钳剥开第一层线皮

图 2-95　第二次蓝色线皮

（3）剥第二层线皮得到最内层光纤芯，如图 2-96 所示。

（4）蘸酒精擦拭，清洗纤芯表面黏附的灰尘，如图 2-97 所示。

图 2-96　最内层光纤芯

图 2-97　酒精擦拭

（5）用光纤切割刀切割光纤，如图 2-98 所示。

（6）光纤放进冷接端子，如图 2-99 所示。

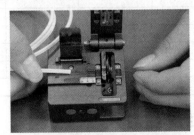

图 2-98　光纤刀切割光纤

图 2-99　光纤放进冷接端子

（7）闭合冷接端子开关，锁紧光纤，如图 2-100 所示。

（8）扭紧尾部，套上开关，制作完成，如图 2-101 所示。

59

图 2-100　闭合开关锁紧光纤　　　图 2-101　扭紧尾部，制作完成

（9）用测试仪测试光纤冷端接是否成功。

知识链接

光纤冷端接，是指在光纤端接接续的过程中使用光纤快速接续器（冷接子）实现光纤的端接，不需要光纤熔接机的参与。与光纤热熔接技术的成熟性相比，冷端接技术仍处于发展的阶段，各种设备和操作技术都有待进一步改善和提高。

实　训

利用冷端接的方法，将一条光纤与两条带 ST 头的尾纤端接成一条完整的光纤链路，并使用光源简单检查光纤通断，填写表 2-17 以记录光纤制作过程。

表 2-17　光纤冷端接情况记录表

过程检查	是 或 否
是否 ST 头尾纤	
是否同为单模光纤或多模光纤	
闭合开关是否锁紧	
端接子尾部是否扭紧	
端接是否成功	

任务四实训评价表见表 2-18。

表 2-18　任务四实训评价表

评价项目		自己评价	同学评价	老师评价
职业能力	准确识别光纤/光缆			
	准确识别带 ST 头的尾纤			
	熟悉光纤冷端接流程			
	严格按照操作步骤进行操作			
	是否遵守安全生产规范			
通用能力	观察能力			
	动手能力			
	自我提高能力			
	创新能力			
综合评价				

任务五　光纤冷续接

任务描述

光纤冷续接是光纤对接的其中一个方法，是一种快速、耗费较少的高效接续方法，在光纤线路中段接续时使用较多。通过本任务的学习，掌握光纤冷接的其中一种方式——光纤冷续接。

预备知识

一、光纤冷续接

光纤冷续接是指用使用"冷续接接子"续接两段光纤的过程，整个过程能在很快的时间内完成，不需要传统光纤热熔机的参与，省时实力。

二、光纤冷续接接子

用于冷续接光纤的小接头叫作光纤冷续接接子，如图 2-102 所示。

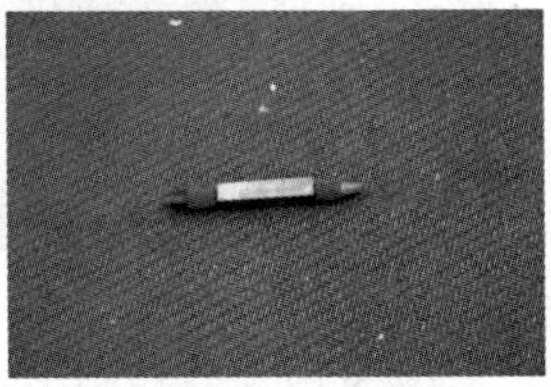

任务实现

图 2-102　冷续接接子

一、材料及工具准备

光纤冷续接需用到的工具如图 2-103 至图 2-107 所示，包括剥线钳、清洁酒精、光纤切割刀、冷续接端口、测试仪。

图 2-103　剥线钳

图 2-104　清洁酒精

图 2-105　光纤切割刀

图 2-106　冷接端口

图 2-107　测试仪

二、冷续接的具体步骤

（1）剥线刀剥开第一层线皮，如图 2-108 所示。
（2）剥出线皮后看到第二层线皮，如图 2-109 所示。

图 2-108　剥线钳剥开第一层线皮

图 2-109　剥出线皮后看到第二层线皮

（3）用另一把剥线刀最小刀口剥去内层线皮得到最内层光纤芯，如图 2-110 所示。
（4）用蘸上酒精的纸巾擦拭光纤芯，如图 2-111 所示。

图 2-110　最内层光纤芯　　　　　　　　图 2-111　擦拭光纤芯

（5）用光纤切割刀切割光纤，如图 2-112 所示。
（6）切割后的光纤效果，如图 2-113 所示。

 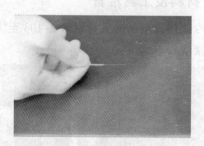

图 2-112　切割刀切割光纤　　　　　　　图 2-113　光纤切割后效果

（7）将纽盖套入光纤，如图 2-114 所示。
（8）光纤放入冷续接端子一头，扭紧纽盖，如图 2-115 所示。
（9）完成接续，如图 2-116 所示。

  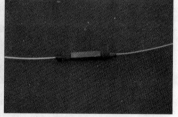

图 2-114　将纽盖套入光纤　　图 2-115　光纤放入冷续接端子　　图 2-116　将纽盖套入光纤

（10）用测试仪测试光纤冷续接是否成功。

知识链接

光纤冷续接，是指使用光纤快速续接器（冷续接接子）实现光纤的续接，不需要光纤熔接机的参与。与光纤热熔接技术的成熟性相比，冷续接技术仍处于发展的阶段，各种设备和操作技术都有待进一步改善和提高。

实　　训

利用冷续接的方法，将一条断裂的带 ST 头的光纤重新接续成一条完整的光纤链路，并使用光源简单检查光纤通断，填写表 2-19 内容以记录光纤制作状态。

表 2-19　光纤冷续接情况记录表

过 程 检 查	是 或 否
是否 ST 头尾纤	
纽盖是否扭紧	
接子两端是否均有套入光纤	
接续是否成功	

任务五实训评价表见表 2-20。

表 2-20　任务五实训评价表

	评 价 项 目	自己评价	同学评价	老师评价
职业能力	准确识别带 ST 头的光纤			
	熟悉光纤冷续接流程			
	严格按照操作步骤进行操作			
	是否遵守安全生产规范			
通用能力	观察能力			
	动手能力			
	自我提高能力			
	创新能力			
综合评价				

项目小结

网络传输介质及其接插件是布线系统的基础硬件，其重要性不言而喻。在传输介质及接插件的制作工艺的好坏直接影响到系统的稳定性和可靠性。因此合理选择传输介质及接插件、掌握制作流程及工艺为今后打下坚实的基础。

项目三 综合布线系统设计

对于一座建筑物,它是否能够在现在或将来始终具备最先进的现代化管理和通信水平,最终要取决于建筑物内是否有一套完整、高质量和符合国际标准的布线系统。一般来说,综合布线系统的设计使用寿命至少是 15 年。对专业的设计人员来说,应考虑建筑物中的布线系统既要满足用户当前的需求,又要考虑未来发展的需要。因此,最好的解决办法是设计出灵活、合理、经济的信息传输管路和空间设施。这就要求设计人员,在熟悉综合布线概念及用户业务的基础上,掌握综合布线工程 6 个子系统的设计方法以及在布线时所需要的技术。

学习目标

- 了解和掌握综合布线系统设计的基本原则。
- 熟悉综合布线系统的设计要求和设计步骤。
- 掌握综合布线的各种系统结构。
- 了解布线产品市场,学会选择品质优越、价格合理的布线产品。

任务一　了解智能建筑对综合布线的要求

任务描述

综合布线应满足现代化办公要求，即用户能快捷准确地传输文件、发送传真、上网查询、收发电子邮件；能够满足办公自动化和多媒体应用的要求；能支持数据高速高质量的传输；能支持语音的准确传输；提供统一线路规格和设备接口；具备完整的产品结构，从 UTP、光纤、连接、模块到工具等系列产品；调查了解和收集资料是综合布线系统工程设计中的重要一环，其重点在于调查了解智能化建筑各方面对综合布线系统的要求。

预备知识

一、综合布线系统设计原则

国际信息通信标准是随着科学技术的发展，逐步修订、完善的。综合布线系统也是随着新技术的发展和新产品的问世，逐步完善而趋向成熟。在设计 PDS 期间，要提出并研究近期和长远的需求是非常必要的。目前，国际上各综合布线产品都只提出 15 年质量保证体系，并没有提出多少年投资保证。为了保护建筑物投资者的利益，可采取"总体规划，分步实施，水平布线尽量一步到位"原则。

二、综合布线设计的一般步骤

在综合布线工程设计的过程中，综合布线设计人员需要做以下一些工作。

1. 收集工程设计的基础资料和有关数据

综合布线系统工程设计，首先要收集与综合布线系统有关的基础资料（包括智能化建筑的平面布置图、信息点数量等）和数据，力求资料和数据可靠翔实。收集的基础资料和有关数据的范围和内容应根据建设项目特点、建筑性质功能等来考虑，主要有以下几个方面。

（1）建筑方面

① 建筑物的总体高度：我国有关标准规定建筑物总体高度超过 24 m 时为中高层建筑或高层建筑；多层建筑总体高度为 20 m 左右；低层建筑总体高度为 10 m 左右。

② 建筑物结构体系：目前有混合结构、钢筋混凝土结构和钢结构等几大类型，如细分它们还可分为若干种结构，例如混合结构有砖混结构和内框架结构两种；钢筋混凝土结构可分为框架结构、框架-剪力墙结构、剪力墙结构和筒体结构等体系。

③ 建筑物的总建筑面积、楼层数量和高度、各个楼层的使用功能和建筑面积等。

④ 建筑物的平面布置：重要通信设备安装的房间（又称设备间）的位置和面积（例如计算机主机房和用户电话交换机机房等）、楼梯间或电梯间的数量和位置，应收集建筑物内部的平面布置图等，如图 3-1 和图 3-2 所示。

高层智能化建筑，应了解有无技术夹层或设备层等结构，还应收集各类竖井的分布位置和技术要求，各类竖井是否有电梯井、电缆井、管道井、垃圾道、排烟道和通风道等。此外，有些重要的高层智能化建筑还根据需要，专门设置综合布线系统竖井和消防竖井等，以达到重要井道专设的要求。

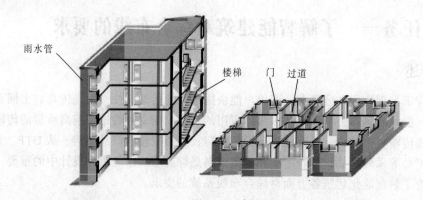

图 3-1 建筑图

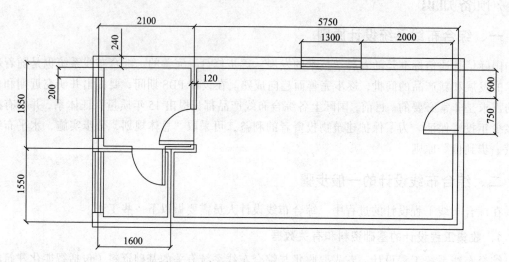

图 3-2 建筑物平面图（单位：mm）

⑤ 其他技术要求较多，例如建筑物内部装修标准、防火报警要求、防电磁干扰影响、防尘和防静电等要求。此外，还有建筑物各种接地和防雷措施的技术方案等。

（2）各种管线方面

在智能化建筑中的各种管线设施较多，主要有以下几种系统。

① 建筑物内部的给水和排水系统：主要有给水管网和排水管路及通气系统（通气系统为减少排水管路噪声和有害气体，在高层建筑均须设置）。

② 高低压电力照明线路系统：电力照明系统包括装设配电设备的房间和高低压电力线路以及接地装置等，尤其是电力线路的路由和位置。

③ 暖气、通风及空调系统：国内目前主要有水暖和气暖两种，并以集中供应的水暖为主，在建筑物中暖气管网是一个庞大的系统。在一些重要通信设备房间，例如电池室需要通风管道，用户电话交换机机房需要空调风管等。上述管道的走向、路由和位置均须注意。

（3）其他系统设施方面

在智能化建筑中根据建筑性质和使用功能，设有各种系统设施，有些系统设施与综合布线系统有着密切关系。最常用的是计算机系统、民用闭路监视电视系统、有线电视系统、火灾自动报警系统和建筑自动化控制系统等。这些系统中除有装置设备的房间外，还有遍布在智能化建筑内部四周的各种缆线，对于它们的分布路由和起迄段落等都应了解，以便在综合布线系统工程设计中全面考虑。

上述基础资料和有关数据（包括建筑物平面布置和各种管线图），都是综合布线系统工程设计中的主要技术依据，它直接影响设计方案是否合理可行，所以收集的基础资料和有关数据必须准确可靠，资料和数据应以书面形式为主，方可作为设计依据。对于口头意见或情况一般只作设计中的参考，不能作为依据，以保证工程设计的正确性。

如果是已建成的建筑物，在综合布线系统工程设计中，所须收集的基础资料和有关数据等内容，基本与新建的智能化建筑相同，但是由于是原有的建筑，必须对建筑物内各种缆线设施和其他系统进行对照核实，尤其是当建筑物的使用功能等有所改变时，原有的基础资料和有关数据也会发生变化（例如房间重新划分、其使用功能和建筑面积改变等）。为此，在工程设计前，必须与负责项目建设的主管单位，商讨改变的主要原则和具体细节。对于改变的内容，要用书面的方式和修改图纸作为工程设计的主要依据。

2．调查、了解智能化建筑各方面对综合布线系统的要求

调查了解和收集资料是综合布线系统工程设计中的重要一环，其重点在于调查了解智能化建筑各方面对综合布线系统的要求，其内容极为广泛和复杂，程度也有深有浅，应以满足综合布线系统工程设计的需要为准，且各个工程有所区别，例如建筑规模大小、工程范围宽窄、建筑物是新建或原有、其他系统设置的多少等。现以较为常见的几个调查内容进行介绍，作为示例以供设计人员参考。

例如，智能化建筑结构体系采取钢筋混凝土结构，其构件多为钢筋混凝土，不允许打洞凿眼，要求综合布线系统的各种缆线不应明敷，其位置和路由应及早提交建筑设计单位，以便考虑敷设暗管或槽道供穿放缆线使用。为此，应向建筑设计单位进行了解，调查管槽暗设部分设计，如管槽的路由、位置和规格及安装方式等，必要时应收集该部分有关设计图纸，以便于综合布线系统工程设计中参考和使用。又如在智能化建筑中装有计算机网络系统，为此须要调查了解其计算机主机型号、机房位置、网络结构、信息点配置和最高数据传输速率等情况，以便在综合布线系统工程设计中，统一考虑缆线选型和信息插座配置等具体细节。其他如民用闭路监视电视系统、建筑自动化控制系统等也都有类似的问题，须要调查了解其与综合布线系统相关的内容。

3．用户信息点和业务需要的预测估计

综合布线系统工程设计的重要基础是用户信息点的数量和位置及其业务需要程度。对于这些基础数据和情况进行调查研究和预测估计，是工程设计中一项不可缺少的重要内容。如建设单位或有关部门能够提供上述资料和数据，在设计中也要根据情况和具体条件进行核实，予以确认，以免发生较大的误差。

4．综合布线系统的总体方案设计

综合布线系统的总体方案是工程设计中的关键部分，它主要是系统的整体设想，它包含确定网络结构、系统组成、类型级别、产品选型、设备配置和系统指标等重要问题。要提高综合布线系统工程设计质量，必须在广泛收集基础资料、深入调查研究工程实际和掌握用户客观需要等情况的前提条件下，拟订初步设想的总体方案，广泛吸取各方面意见，力求不断修正和完善，提高总体方案的先进性、正确性和合理性。

5. 各部分布线子系统的具体设计

综合布线系统除由各个布线子系统组成外，还有其他部分，主要有电源、电气保护（包括屏蔽等）、防雷接地和防火等。上述部分都是综合布线系统工程不可缺少的，与整个综合布线系统工程设计形成整体。在综合布线系统总体方案的整体设计时，应掌握这些相应部分的资料和数据，充分研究，做好各部分布线子系统的具体工程设计。在各部分设计中都要求与左、右、上、下相关部分的内容互相配合衔接，彼此加强协调，最终尽量做到无遗漏、不脱节，能够成为完整的配套设计，以满足工程建设需要。

6. 编制工程设计文件

编制工程设计文件的具体内容有编写工程设计说明、绘制设计和施工图纸及做工程概（预）算等，概（预）算中应包括综合布线系统整个工程的投资费用（即工程总造价）、工程中所需的各种设备和器材及其辅件的清单，上述内容不能遗漏或缺少，也不应错误或矛盾百出。因为工程设计文件是作为工程建设投资费用的结算依据，它是安装施工的指导文件，又是今后使用、维护和管理的查考档案，也是设计单位总结经验教训的工程资料，它对于各个方面都是极为重要的。为此，对于编制工程设计文件，必须做到技术观点明确，文字叙述流畅，图纸清楚美观，预算数据正确。

7. 将初步的系统设计和估算成本通知用户（略）

8. 在收到最后合同批文后，完成含有以下系统配置的最终设计方案

（1）电缆路由布线文档。
（2）光缆分配及管理方案。
（3）布局和接合细节。
（4）光缆链路、损耗预算。
（5）施工许可证。
（6）订货信息。
（7）工程预算。

任务实现

走访、调查本校校园网使用情况，填写表 3-1。

表 3-1 校园网信息点分布调查表

建筑物	楼层数	配线间位置	科室及教室	数据信息点	语音信息点	CATV 信息点
合计						

知识链接

一、相关名词

在综合布线系统中经常要使用到一些专用名词及缩写。它们都有其具体的技术含义或是该标准的技术专用词。下面对这类名词进行介绍。

1．相关名词

（1）转接器

转接器是一种器件，用来使各种型号的插头相互匹配或接入设备通信插口。它也可用来重新安排引线，使大对数电缆转成小的线群，并能使电缆间相互连接桥接配线在几个布线点的同一电缆上的线对可在配线点上重复使用。

（2）线缆交接箱

线缆交接箱是机械式结构，将它安装在墙上或机架内，作为楼内电缆线路的管理、调整和配线。

（3）输入最近点

指离跨过地界线的载波设备的最近可用点或离进入多元建筑或建筑群布线地点的最近可用点。

（4）光纤跳接箱

交叉连接单元，用作电路管理，它提供了带有光跳线的光纤连接。光纤电缆内有加强材料的一条或多条光纤（玻璃或塑料）带护套的电缆。

（5）光跳线

作为光纤电缆终端的连接线，用于在交叉连接处接入通信电缆。

（6）用户小交换机

用户交换系统，通常服务于某个组织，像商业机构和政府机构，并安装在用户区。它可以在大楼房屋内或电信网内交换通信信号，有时也可提供从数据终端到计算机的连接。

（7）通信插口

在工作区的连接器，用户终端与网络的接口。

（8）转接点

平布线的一个可选元件，用于延长或转接线缆的器件。

（9）工作区

工作人员利用电信终端设备进行工作的地方。

2．名词缩写

相关名词缩写见表 3-2。

表 3-2 有关综合布线技术的名词缩写

英文缩写	中文全称	英文缩写	中文全称
ANSI	美国国家标准协会	ASTM	美国材料和实验协会
CSA	加拿大标准协会	DTE	数据终端设备
AWG	美国线规	EMI	电磁干扰

续表

英文缩写	中文全称	英文缩写	中文全称
EIA	电子工业协会	FDDI	光纤发送数据接口
FCC	联邦通信委员会	IC.	中间交叉连接
ICEA	绝缘电缆工程协会	ISDN	综合业务数字网
IEC	国际电工技术委员会	LAN	局域网
IEEE	电气和电子工程师学会	MC	主跳接箱
ISO	国际标准化组织	NEXT	近端串扰
NEC	国家电气标准	PBX	用户小交换机
NEMA	国家电气制造商协会	TC	管理区
TIA	美国通信工业协会	UL	保险研究会

二、综合布线系统设计

综合布线是智能大厦建设中的一项技术工程项目，它不完全是建筑工程中的"弱电"工程。智能化建筑是由智能化建筑环境内系统集成中心利用综合布线系统连接和控制"3A"系统组成的。布线系统设计是否合理，直接影响到"3A"的功能（3A 即楼宇自动化 building automation、办公自动化 office automation、通信自动化 communication automation）。

1. 综合布线系统的设计等级

为了使智能建筑与智能建筑园区的工程设计具体化，根据实际需要，我们将综合布线系统分为三个设计等级：

（1）基本型：适用于综合布线系统中配置标准较低的场合，用铜芯电缆组网。基本型综合布线系统配置：

- 每个工作区（站）有一个信息插座。
- 每个工作区（站）的配线电缆为一条 4 对双绞线，引至楼层配线架。
- 完全采用夹接式交接硬件。
- 每个工作区（站）的干线电缆（即楼层配线架至设备间总配线架电缆），至少有 2 对双绞线。

（2）增强型：适用于综合布线系统中中等配置标准的场合，用铜芯电缆组网。增强型综合布线系统配置：

- 每个工作区（站）有两个以上信息插座。
- 每个工作区（站）的配线电缆均为一条独立的 4 对双绞线，引至楼层配线架。
- 采用夹接式（110A 系列）或接插式（110P 系列）交接硬件。
- 每个工作区（站）的干线电缆（即楼层配线架至设备间总配线架）至少有 3 对双绞线。

（3）综合型：适用于综合布线系统中配置标准较高的场合，用光缆和铜芯电缆混合组网。综合型综合布线系统配置：

- 在基本型和增强型综合布线系统的基础上增设光缆系统。
- 在每个基本型工作区的干线电缆中至少配有 2 对双绞线。
- 在每个增强型工作区的干线电缆中至少有 3 对双绞线。

综合布线系统应能满足所支持的数据系统的传输速率要求,并应选用相应等级的传输缆线和设备。综合布线系统应能满足所支持的语音、数据、图像系统的传输标准要求。综合布线系统所有设备之间连接端子、塑料绝缘的电缆或电缆环箍应有色标。不仅各个线对是用颜色识别的,而且线束组也使用同一图表中的色标。这样有利于维护检修,这也是综合布线系统的特点之一。

所有基本型、增强型、综合型综合布线系统都能支持语音、数据、图像等系统,能随工程的需要转向更高功能的布线系统。它们之间的主要区别在于:支持语音和数据服务所采用的方式;在移动和重新布局时实施线路管理的灵活性。

2. 综合布线设计各等级的特点

(1)基本型综合布线系统的特点
- 是一种富有价格竞争力的综合布线方案,能支持所有语音和数据的应用。
- 应用于语音或数据的任一种。
- 便于技术人员管理。
- 采用气体放电管式过压保护和能够自复的过流保护。
- 能支持多种计算机系统数据的传输。

(2)增强型综合布线系统的特点

增强型综合布线系统不仅具有增强功能,而且还可提供发展余地。它支持语音和数据应用,并可按需要利用端子排进行管理。它的特点如下:
- 每个工作区有两个信息插座,不仅机动灵活,而且功能齐全。
- 任何一个信息插座都可提供语音和高速数据应用。
- 按需要可利用端子排进行管理。
- 是一个能为多个数据设备制造部门环境服务的经济有效的综合布线方案。
- 采用气体放电管式过压保护和能够自复的过流保护。

(3)综合型综合布线系统的特点

综合型综合布线系统的主要特点是引入光缆,可适用于规模较大的建筑物或建筑群,其余特点与基本型或增强型相同。

实 训

本次实训是通过了校园网络的基本要求,从而确立综合布线(假定只是为计算机网络布线)的设计目标。锻炼动手能力,调查能力、计算能力以及合作、统筹意识。

合作完成学校的建筑调查,并填写表3-3和表3-4。

表3-3 学校建筑调查表

建筑物层数	
建筑物大致层高	
每层楼的房间数	
房间平均长度	
房间平均宽度	

续表

建筑物是否预留竖井	
建筑物是否有桥架	
走线是否需要打孔	
房间是否有天花（顶棚）	
建筑物能否预留配线间	
建筑物能否预留设备间	
建筑物是否有避雷装置	
建筑物是否有暖风制冷通风设备	
建筑物是否有高压设备	
房间电源插座的位置	
建筑物信息点数	
该幢建筑计算机网络的基本需求	
该幢建筑计算机网络是否有特殊需求	
确立的建筑物综合布线的等级	

表 3-4 任务一实训评价表

	评 价 项 目	自己评价	同学评价	老师评价
职业能力	能否获得数据			
	数据是否准确			
通用能力	观察能力			
	动手能力			
	自我提高能力			
	合作意识			
综合评价				

任务二　制作结构图

任务描述

综合布线系统结构图是把综合布线系统中要连接的各个主要元素采取施工要求的方式连接起来，只有明确综合布线中的几大子系统及明确线缆线路使用的类型，才能令具体实施顺利进行。通过本任务的学习，掌握综合布线系统结构图的相关知识和制作方法。

预备知识

根据 GB 50311—2007《综合布线系统工程设计规范》规定，在综合布线系统工程设计中，按照下列 7 个部分进行：建筑群子系统、干线（垂直干线）子系统、设备间子系统、配线（水平）子系统、工作区子系统、管理间子系统和进线间子系统。

以往的综合布线系统子系统划分中一般分为 6 个子系统，如图 3-3 所示。现在的 GB 50311—2007《综合布线系统工程设计规范》将进线间部分单独分为一个子系统，形成独立的标准要求，使里面包含的设备和标准更具有通用性和兼容性。而水平子系统则对应新标准中的配线子系统、垂直子系统对应干线子系统。

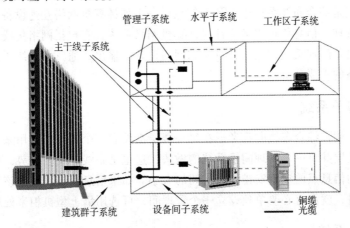

图 3-3　以往的综合布线系统示意图

一、建筑群子系统

建筑群子系统也称楼宇管理子系统。一个企业或某政府机关可能分散在几幢相邻建筑物或不相邻建筑物内办公。但彼此之间的语音、数据、图像和监控等系统可用传输介质和各种支持设备（硬件）连接在一起。连接各建筑物之间的传输介质和各种支持设备（硬件）组成一个建筑群综合布线系统。现今，一般采用多模光缆进行建筑间连接。

在建筑群子系统有：管道内、直埋、架空、隧道 4 种建筑群布线方法，各种方法的特点如表 3-5 所示。

表 3-5　4 种建筑群布线方法的优缺点

方法	优　　点	缺　　点
管道内	提供最佳的保护机构；任何时候都可敷设电缆挖沟；电缆的敷设、扩充和加固都很容易；保持建筑物的外貌	开管道和入孔的成本很高
直埋	提供某种程度的机构保护；保持建筑物的外貌	挖沟成本高；难以安排电缆的敷设位置；难以更换和加固
架空	如果本来就有电线杆，则成本最低	没有提供任何机械保护；灵活性差；安全性差；影响建筑物美观
隧道	保持建筑物的外貌；如果本来就有隧道，则成本最低、安全	热量或漏泄的热水可能会损坏电缆；可能被水淹没

二、工作区子系统

工作区子系统由终端设备连接到信息插座的跳线和信息插座所组成，通过插座即可以连接计算机或其他终端。工作区可支持电话机、数据终端、微型计算机、电视机、监视及控制等终端设备的设置和安装。

一个独立的工作区，通常是一部电话机和一台计算机终端设备。设计的等级有基本型、增强型、综合型。目前普遍采用增强型设计等级为语音点与数据点互换奠定了基础。

三、设备间子系统

设备间子系统是综合布线系统中为各类信息设备（如计算机网络互连设备、程控交换机等设备）提供信息管理，信息传输服务。针对计算机网络系统，它包括网络集线器设备、网络智能交换集线器及设备的连接线。它将计算机和网络设备的输出线通过主干线子系统相连接，构成系统计算机网络的重要环节。

四、管理间子系统

现在，许多大楼在综合布线时都考虑在每一楼层都设立一个管理间，用来管理该层的信息点，摒弃了以住几层共享一个管理间子系统的做法，这也是布线的发展趋势。作为管理间子系统，应根据管理的信息点的多少安排使用房间的大小。如果信息点多，就应该考虑一个房间来放置；信息点少时，就没有必要单独设立一个管理间，可选用墙上型机柜来处理该子系统。

五、干线子系统

干线子系统的任务是通过建筑物内部的传输电缆，把各个服务接线间的信号传送到设备间，直到传送到最终接口，再通往外部网络。垂直干线子系统负责把各个管理间的干线连接到设备间。它必须满足当前的需要，又要适应今后的发展。干线子系统包括：

- 供各条干线接线间之间的电缆走线用的竖向或横向通道。
- 主设备间与计算机中心间的电缆。

六、水平子系统

水平布线，是将电缆线从管理间子系统的配线间接到每一楼层的工作区的信息输入/输出（I/O）插座上。设计者要根据建筑物的结构特点，从路由（布线）最短、造价最低、施工方便、布线规范等几个方面考虑。但由于建筑物中的管线比较多，往往要遇到一些矛盾，所以，设计水平子系统时必须折中考虑，优选最佳的水平布线方案。

一般可采用3种类型：

- 直接埋管式。
- 先走吊顶内线槽，再走支管到信息出口的方式。
- 适合大开间及后打隔断的地面线槽方式。

七、进线间子系统

进线间一般设置在建筑物地下层或第一层中，实现外部缆线的引入及设置电缆和光缆交接配线设备和入口设施的技术性房间。进线间是建筑物外部通信和信息管线的入口部位，并可作为入口设施和建筑群配线设备的安装场地。

建筑群主干电缆和光缆、公用网和专用网电缆、光缆及天线馈线等室外缆线进入建筑物时，应在进线间成端转换成室内电缆、光缆，并在缆线的终端处可由多家电信业务经营者设置入口设施，入口设施中的配线设备应按引入的电、光缆容量配置。

任务实现

以 "YY 公司" 的综合布线工程为例,完成综合布线系统图的制作。

"YY 公司" 位于大楼的 5 楼,该大楼各楼层内均设有一个弱电间供综合布线线缆敷设及端接使用。大楼综合布线主干系统已敷设完毕且正常运行,各租赁公司只需按大楼管理处要求按需接入大楼综合布线主干系统,即可经由大楼中心网络设备接入大楼网络及接入 Internet。大楼建筑物配线间设置在大楼第 3 层。

图 3-4 为 "YY 公司" 办公区平面图,表 3-6 为该公司提供的相关数据。

图 3-4 YY 公司办公区平面图

表 3-6　YY公司办公区对应功能、信息点数量需求说明对照表

房间号	房 间 作 用	人员数量	数据信息点数量	语音信息点数量
501	总经理办公室	1	1	1
502	副总经理办公室	2	2	2
503	存储事业部办公室	8	8	8
504	技术开发部办公室	6	6	6
505	软件开发部办公室	8	8	8
506	评测室/多功能会议室③	/	3	3
507	市场部办公室	10	10	10
508	多功能会议室②	/	3	3
509	系统工程部办公室	9	9	9
510	信息处理机房	/	/	/
511	人事/财务办公室	5	5	5
512	多功能会议室①	/	3	3
前台	接待区	1	1	1

一、确定系统图中使用的各个图标含义

在系统图中，主要由各个图标和必要的简短文字加以说明整个系统线路连接的具体含义。图中的每一个图标均各自代表不同的含义，所以明确每一个图标及其作用尤为重要。因此首先制作表 3-7 所示的系统图使用图标说明表。

表 3-7　系统图使用的各种图标

图　标	表 示 作 用	图　标	表 示 作 用
⊠ BD	建筑物子系统	—·—·—	水平子系统线缆 5e 非屏蔽双绞线
⊠ FD	管理间子系统	●—●—●	垂直子系统线缆 六芯室内多模光纤
□ D V	工作区子系统 其中： Ⓓ 5e类信息模块，数据接口 Ⓥ 5e类信息模块，语音接口	—·—·—·—	垂直子系统线缆 100 对 3 类大对数电缆
		━━━━	大楼外接线缆

二、绘制综合布线系统系统图

（1）利用绘图软件，绘制布线系统图，如图 3-5 所示。

小提示

在系统结构图中，利用虚线 ------ 模拟表示各个楼层。由于该项目中主要涉及5层的建设而没有涉及其他楼层，所以在这个模拟楼层的表示中要着重表示出5层的位置，而其他没有明确要求的楼层可通过"其他楼层"这样的文字加以简单表示。需要注意的是5层的虚线模拟楼层有一个断裂口，主要是用该断裂口模拟表示5层的竖井，所有垂直子系统的线缆均经由竖井进行楼层之间的连通。

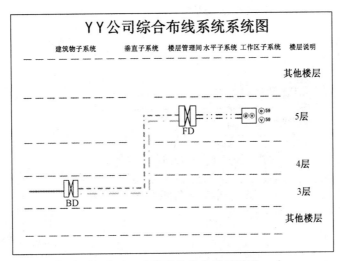

图 3-5　YY公司综合布线系统图

（2）添加图例说明。

图3-4中所包含的各图标的含义是需要用图例进行说明的。具体的操作是在系统图的下方，建立一个图例说明区域，把系统图中各个具有代表性的图标罗列在这个区域中，再配以简短精练的文字对其进行说明。

把 ⋈、⋈、◉◉、— ‥ — ‥ — 等图标罗列到系统图下方的区域中，并把各图标及其对应含义按照表3-7所示简单列举，制作效果如图3-6所示。

（3）在系统图上标注说明信息。

在系统图上除了具有图3-6的图例说明外，简短的文字说明也是必不可少的，如：系统构建结构、线缆使用的根数、数据接口的数量、语音接口的数量、总接口数量等。

在系统图右下方输入文字说明，制作效果如图3-7所示。

 小提示

添加简短必要的文字说明，主要说明以下问题：
- 该综合布线系统在系统构建的过程中使用的是何种网络拓扑结构？
- 信息点一共有多少个？数据信息点和语音信息点各有多少个？
- 每个工作区子系统使用的连接形式说明。
- 垂直子系统的连接方式说明。
- 其他一些要说明的问题。

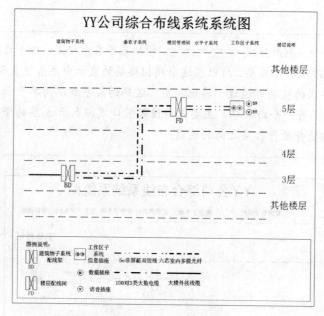

图 3-6 系统图制作效果 1

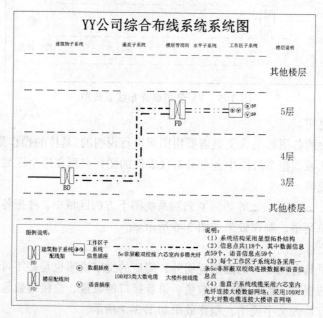

图 3-7 系统图制作效果 2

至此，综合布线系统系统图就已基本完成。

三、制作综合布线系统施工平面图

（1）制作单间房间的综合布线系统平面图。

对照描述要求，确定要安装的信息点数量，绘制出信息点，效果如图 3-8 所示。该连接线在连接水平布线子系统的过程中，包含两条链路，其中一条连接数据接口 ⓓ，另一条连接语音接口 ⓥ。为了标明这条直线代表含有两条非屏蔽双绞线（UTP）链路，用 加以表示。

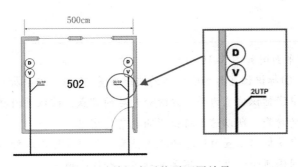

图 3-8 单间房系统平面图效果

（2）在总平面图上，对各房间按照需要画出它们的布线路由，制作整个综合布线系统施工平面图。制作效果如图 3-9 所示。

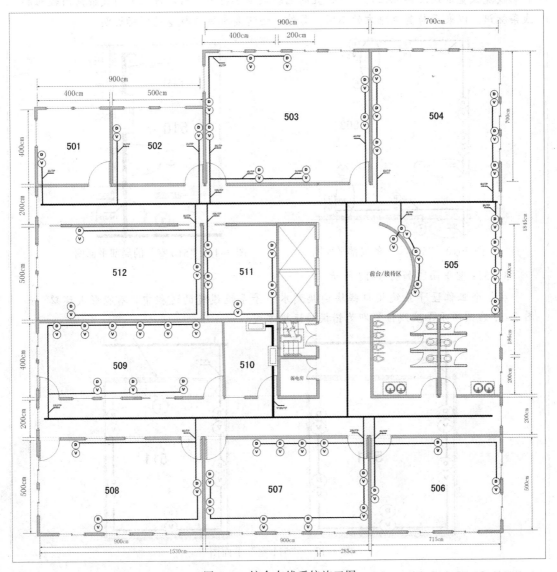

图 3-9 综合布线系统施工图

1. 503 室局部平面图如图 3-10 所示。

（1）图 3-10 中①标识位置为 503 室总的线缆数量 12 根，这个标识说明不能省略。

（2）图 3-10 中②标识位置为两个方向分开后的前点，该位置同样表示了后续有多少条网线通过该位置的功能，所以这个标识说明也不能省略。

（3）图 3-10 中③标识位置为链路的尾端位置，该位置可以加标识，说明有多少条网线通过该位置，如同③所示；也可以不再加标识，如同④所示。

2. 510 室局部平面图如图 3-11 所示。

图 3-11 中①标识位置为所有电缆归总连入 510 室网络机柜的路由位置，该位置所拥有的线缆数量应该比其他任何一个位置的电缆数量都要多，所以该位置的线条需用较粗的线条标识，以表示与其他地方的不同。另外，还需要有线缆数量的图标说明。

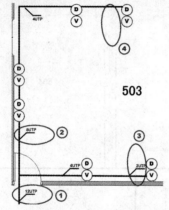

图 3-10 "503 室"的局部平面图

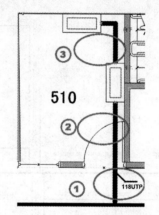

图 3-11 "510 室"的局部平面图

3. 511 室平面图如图 3-12 所示。

在各个工作区子系统接口模块连接到水平子系统线缆的过程中，不能形成环路。如图 3-12 右图所示①虚线位置即为错误的连接方式。

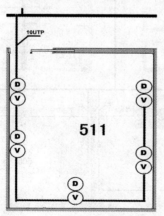

图 3-12 "511室"平面图

（3）对各信息点进行编号，以 502 室为例，编号效果如图 3-13 所示。

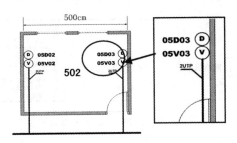

图 3-13 "502 室"编号效果图

 小提示

　　信息点的编号可按房间的顺序进行排序，502 室有两个信息点，所以这两个信息点的编号应该为 05D02、05D03 和 05V02、05V03。但哪个取前哪个取后呢？一般可以定义以下规则：第一按房间顺序排序，第二按房间内顺序排序。房间内顺序可按入门从左往右顺时针方向定义。按照以上定义规则，502 室入门左边的信息点中数据接口应命名为 05D02、语音接口应命名为 05V02；502 室入门右边的信息点中数据接口应命名为 05D03、语音接口应命名为 05V03。

各个信息点接口命名，制作效果如图 3-14 所示。

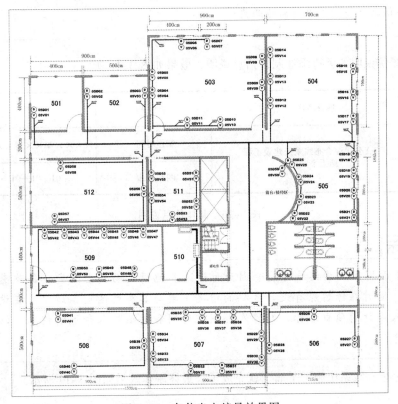

图 3-14 各信息点编号效果图

（4）在平面图下方添加必要的图例和文字说明，效果如图3-15所示。

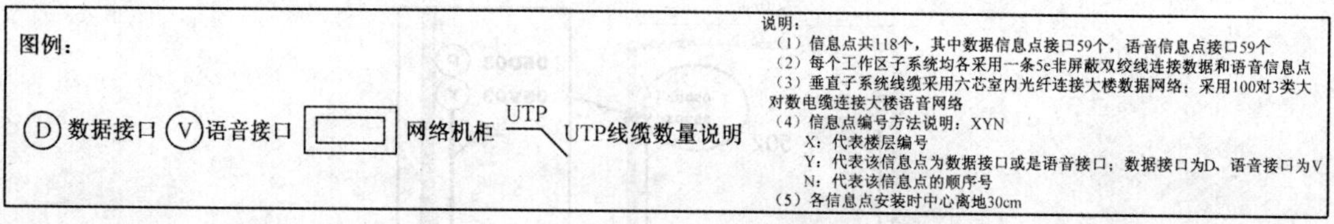

图例：D 数据接口　V 语音接口　□ 网络机柜　UTP／UTP线缆数量说明

说明：
(1) 信息点共118个，其中数据信息点接口59个，语音信息点接口59个
(2) 每个工作区子系统均各采用一条5e非屏蔽双绞线连接数据和语音信息点
(3) 垂直子系统线缆采用六芯室内光纤连接大楼数据网络；采用100对3类大对数电缆连接大楼语音网络
(4) 信息点编号方法说明：XYN
　X：代表楼层编号
　Y：代表该信息点为数据接口或是语音接口；数据接口为D，语音接口为V
　N：代表该信息点的顺序号
(5) 各信息点安装时中心离地30cm

图 3-15　图例及文字说明效果

> **小提示**
>
> 图例和文字说明的内容包括：
> - 图例内容："数据接口"图例、"语音接口"图例、"网络机柜"图例、线缆数量说明"图例。
> - 文字说明内容：
> ① 信息点个数，包括：数据信息点个数，语音信息点个数。
> ② 每个工作区子系统各采用的哪种传输介质连接数据和语音信息点。
> ③ 垂直子系统线缆采用哪种传输介质连接大楼数据网络及大楼语音网络。
> ④ 信息点编号方法说明：XYN（X：代表楼层编号；Y：代表该信息点为数据接口或是语音接口，数据接口为D、语音接口为V；N：代表该信息点的顺序号）。
> ⑤ 各信息点安装时中心离地距离。

（5）在图例说明的旁边添加制作信息说明，效果如图3-16所示。

项目名称	制作人	×××
YY公司综合布线系统建设工程施工平面图	制作时间	××××年××月××日
	图纸版本	01—01—01

图 3-16　制作信息说明

> **小提示**
>
> 完成平面图后，该设计可能会因为讨论或其他情况而发生改变，每改变一次应做相应修改，同时在保留原有设计底稿的情况下要与其有所区别，所以应在设计的最后阶段，加入设计的项目名称、制作人、制作时间和图纸版本等说明信息，以便日后查询及对比等。

至此，综合布线系统施工平面图就完成了，最终制作效果如图3-17所示。

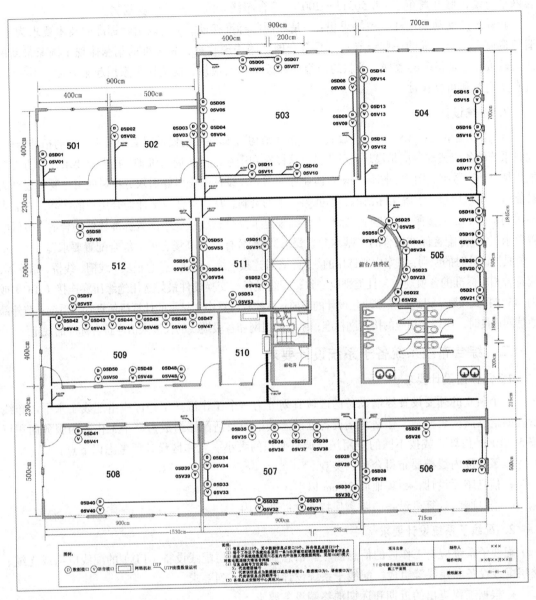

图 3-17 综合布线系统施工平面图制作效果

知识链接

一、建设部 GB 50311—2007 布线系统工程设计规范

建设部于 2007 年 4 月 26 日发布了新的国家标准《综合布线系统工程设计规范》,编号为 GB 50311—2007,自 2007 年 10 月 1 日起实施。

1. GB 50311 标准简介

为了适应经济建设高速发展和改革开放的社会需求,配合现代化城市建设和信息通信网向数字化、综合化、智能化方向发展,搞好建筑与建筑群的电话、数据、图文、图像等多媒体综合网络建设，修订发布了 GB 50311—2007《综合布线系统工程设计规范》。

新标准的变动遵循几个主导思想：一是和国际标准接轨，还是以国际标准的技术要求为主，避免造成厂商对标准的一些误导；二是符合国家的法规政策，新标准的编制体现了国家最新的法规政策；三是很多的数据、条款的内容更贴近工程的应用，规范让大家用起来方便，不抽象，具有实用性和可操作性。

2．系统设计

"综合布线系统（GCS）应是开放式星形拓扑结构"，即在系统设计时必须采用星形的拓扑结构，同时系统的各组成部分应是模块化的形式，这样有利于系统的扩展与维护。技术上要求设计方案应能支持电话、数据、图文、图像等多媒体业务的需要。设计前应做好需求分析说明书。要求设计人员能深入用户单位，了解实际情况，掌握第一手的资料，从而保证方案能切合用户的实际。在需求不明的情况下必须参照标准进行。标准中详细规定了综合布线系统中配置标准较低场合的"最低配置要求"、中等配置标准场合的"基本配置要求"、配置标准较高场合的"综合配置要求"。

具体设计时的原则：方案中所选用的线缆、各种连接电缆、跳线、信息模块、线槽、线桥、暗管等，应符合相应标准的各项规定，且类别应一致；配线设备、交换硬件最好选用绝缘压穿连接（IDC）或 RJ-45 卡接式模块，以适应模型块化设计的需要；系统宜设置中文显示的计算机信息管理系统；与外部通信网连接时，应符合相应的接入网标准；系统的组网和各段缆线的长度限值应符合标准的规定。

二、综合布线系统各子系统设计要求

1．工作区设计要求

一个独立的须要设置终端设备的区域宜划分为一个工作区。工作区应由配线（水平）布线系统的信息插座延伸到工作站终端设备处的连接电缆及适配器组成。一个工作区的服务面积可按 $5\sim10\ m^2$ 估算，或按不同的应用场合调整面积的大小。工作区设计要考虑以下点：

- 工作区内线槽要布得合理、美观。
- 信息座要设计在距离地面 30 cm 以上。
- 信息座与计算机设备的距离保持在 5 m 范围内。

2．配线子系统设计要求

配线子系统应由工作区的信息插座、信息插座至楼层配线设备（FD）的配线电缆或光缆、楼层配线设备和跳线等组成。配线子系统设计应符合下列要求：

- 根据工程提出的近期和远期的终端设备要求。
- 每层需要安装的信息插座的数量及其位置。
- 终端将来可能产生移动、修改和重新安排的预测情况。
- 一次性建设或分期建设的方案。

3．干线子系统设计要求

干线子系统应由设备间的建筑物配线设备（BD）和跳线以及设备间至各楼层交接间的干线电缆组成。干线子系统应选择干线电缆较短、安全和经济的路由，且宜选择带门的封闭型综合布线专用的通道敷设干线电缆，也可与弱电竖井合用。干线电缆宜采用点对点端接，也可采用分支递减端接。如果设备间与计算机机房和交换机房处于不同的地点，而且需要将语音电缆连至交换机房，数据电缆连至计算机房，则宜在设计中选取不同的干线电缆或干线电缆的不同部分来分别满足语音和数据的需要。当需要时,也可采用光缆系统予以满足。缆线不应布放在电梯、供水、供气、供暖、强电等竖井中。

4. 设备间子系统设计要求

设备间就是在每一幢大楼的适当地点设置电信设备、计算机网络设备以及建筑物配线设备进行网络管理的场所。由综合布线系统的建筑物进线设备、电话、数据、计算机及保安配线设备宜集中设在一间房中。必要时也可分别设置,但程控交换机及计算机主机不宜离设备间太远。

设备间内的所有总配线设备应用色标区别各类用途的配线区。设备间位置及大小应根据设备数量、规模、最佳网络中心等因素综合考虑确定。建筑物的综合布线系统与外部通信网连接时,应遵循相应的接口标准,预留安装相应接入设备的位置。

5. 管理间子系统设计要求

管理间的功能主要是对设备间、交接间和工作区的配线设备、缆线、信息插座等设施,按一定的模式进行标志和记录,并宜符合下列规定:

- 规模较大的综合布线系统宜采用计算机进行管理,简单的综合布线系统宜按图纸资料进行管理,并应做到记录准确、及时更新、便于查阅。
- 综合布线的每条电缆、光缆、配线设备、端接点、安装通道和安装空间均应给定唯一的标志,标志中可包括名称、颜色、编号、字符串或其他组合。
- 配线设备、缆线、信息插座等硬件均应设置不易脱落和磨损的标志,并应有详细的书面记录和图纸资料。
- 电缆和光缆的两端均应标明相同的编号。
- 设备间、交换间的配线设备宜采用统一的色标区别各类用途的配线区。配线机架应留出适当的空间,供未来扩充设备时使用。

6. 建筑群子系统设计要求

建筑群子系统应由连接各建筑物之间的综合布线缆线、建筑群配线设备(CD)和跳线等组成。建筑物之间的缆线宜采用地下管道或电缆沟的敷设方式,并应符合相关规范的规定。

建筑群和建筑物的干线电缆、主干光缆布线的交接不应多于两次,从楼层配线架(FD)到建筑群配线架(CD)之间只应通过一个建筑物配线架(BD)。

7. 进线间子系统设计要求

进线间一般设置在建筑物地下层或第一层中,是建筑物外部通信和信息管线的入口部位。建筑群主干电缆和光缆、公用网和专用网电缆、光缆及天线馈线等室外缆线进入建筑物时,应在进线间成端转换成室内电缆、光缆,并在缆线的终端处可由多家电信业务经营者设置入口设施,入口设施中的配线设备应按引入的电、光缆容量配置。

电信业务经营者在进线间设置安装的入口配线设备应与 BD 或 CD 之间敷设相应的连接电缆、光缆,实现路由互通。缆线类型与容量应与配线设备相一致。部接入业务及多家电信业务经营者缆线接入的需求,并应留有 2~4 孔的余量。

8. 电气防护、接地及防火

综合布线区域内存在的电磁干扰场强大于 3 V/m 时,应采取防护措施。综合布线电缆与附近可能产生高频电磁干扰的电动机、电力变压器等电气设备之间应保持一定的间距。

实 训 一

本次实训通过给定基本数据,完成综合布线的简单设计,从而锻炼动手能力和设计能力。基本数据如下:

××公司是某外资企业驻广州办事处,为了实现办公及管理网络信息化,需建一小型网络。公司位于某办公大楼第八层(办公大楼共十层),公司目前的工作人员编制有 33 人,人员安排如表 3-8 所示,平面图如图 3-18 所示。做出综合布线的简单设计并完成系统结构图的制作。

表 3-8 ××公司信息点和工作人员分布情况

编号	分区	点数	人数
1	前台	2	1
2	打印区	2	0
3	会议室一	6	0
4	接待室/会议室二	4	0
5	中心机房	2	0
6	设计部	6	5
7	设计部经理	1	1
8	售后服务部	10	8
9	售后服务部经理	1	1
10	文档资料室	3	0
11	行政部	3	3
12	行政部经理	1	1
13	市场部	8	8
14	市场部经理	1	1
15	副总经理秘书	1	1
16	副总经理	2	1
17	总经理秘书	1	1
18	总经理	2	1
	总计	56	33

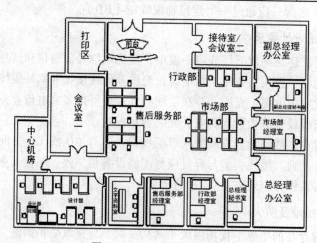

图 3-18 ××公司平面图

实 训 二

本次实训通过上一次实训得出的数据,给出该幢大楼的综合布线的设计,并与已经铺设好的布线进行对比,看看有何区别,为何有区别?从而锻炼动手能力、设计能力、自我创新的能力。

任务二 实训评价表

	评 价 项 目	自己评价	同学评价	老师评价
职业能力	能否计算出信息点数			
	能否估算工作区面积			
	能否确立设备间位置			
	能否确立管理间位置			
	有否考虑进线间的问题			
	有否考虑到建筑物的实际情况			
	能否建立一套编号规则			
	是否考虑到强弱电分离的原则			
	做设计的时候是否考虑到建筑物的结构特点			
	能否做出一份完整的综合布线设计			
	能否阅读建设部 GB 50311—2007 布线系统工程设计规范			
	能否使用办公软件			
	能否使用绘图软件			
通用能力	观察能力			
	动手能力			
	自我提高能力			
	创新能力			
	写作能力			
	学习能力			
	空间想象能力			
综合评价				

任务三 产品选型

任务描述

目前,结构化综合布线系统被广泛采用,生产布线产品的厂家数量也是非常之多。而如何进行产品的选择就变得非常重要。面对市场上林林总总、名目繁多的布线产品,因此一定要有明确的选购原则。

预备知识

综合布线系统产品选型原则如下:

- 性能价格比：选择的线缆、接插件、电气设备应具有良好的物理和电气性能，而且价格适中。
- 实用性：设计、选择的系统应满足用户在现在和未来 10~15 年内对通信线路的要求。
- 灵活性：使信息口设备合理，可即插即用。
- 扩充性好：尽可能采用易于扩展的结构和接插件。
- 便于管理：有统一标志，方便配线、跳线。

任务实现

首先了解一下综合布线的产品：

在综合布线中，楼宇间采用光缆连接，主干网为百兆光纤以太网。楼宇内的室内布线采用建筑特综合分布网络（IBDN）结构化布线系统，从端到端采用超五类接插件产品，支持以太网（Ethernet）、令牌环网（Token Ring）、CDDI、异步传输模式（ATM）及多媒体技术，且以开放式的原则，支持众多厂家的产品及设备。连接硬件对于通信电缆的端接非常必要，这些硬件可以为电缆线对提供永久性端接并提供一定的灵活性。连接硬件使得端接后的电缆可以用于不同的用户应用和通信系统。

产品介绍如下：

一、信息插座

组合式插座/连接器经过配线后构造出一个标准的插座结构。这些组合式插座结构确定了电缆导线的端接方法。现在使用的组合式插座结构有很多不同的类型，最常见的几种是：T568A、T568B、USOC。现在的组合式连接器通常都使用 T568A 或 T568B 结构，它们是工业布线标准支持的两种插座结构。USOC 结构很少用于八线位组合式插座，因为无论 ANSI/TIA/EIA-568-A 还是 ANSI/TIA/EIA-568-B-1 结构化布线标准都不支持这种结构。

这种连接器由信息模块和面板构成。信息模块按照支持的速度分为 5、5e 和 6 类信息模块、光纤信息，有的厂家按照 TIA/EIA 66 标准做成多种颜色。面板可分为墙面单口、双口、4 口或者斜角单口、双口、4 口等，如图 3-19 至图 3-21 所示。

屏蔽模块

图 3-19　RJ-45 信息模块

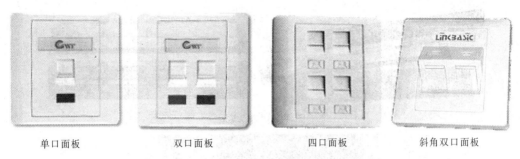

| 单口面板 | 双口面板 | 四口面板 | 斜角双口面板 |

图3-20 墙面面板

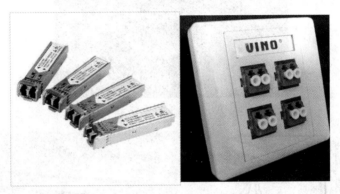

图3-21 光纤信息模块及墙面面板

信息插座是终端（工作站）与水平子系统连接的接口，每个工作区至少要配置一个插座盒。对于难以再增加插座盒的工作区，要至少安装两个分离的插座盒。一般公司需要在每个工作区应有两个信息插座，一个用于语音，一个用于数据，如图3-22所示。

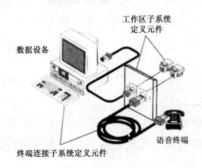

图3-22 工作区子系统信息插座连接图

二、配线架

配线架是管理子系统中最重要的组件，是实现垂直干线和水平布线两个子系统交叉连接的枢纽。配线架通常安装在机柜或墙上。通过安装附件，配线架可以全线满足UTP、STP、同轴电缆、光纤、音视频的需要。在网络工程中常用的配线架有双绞线配线架和光纤配线架，如图3-23至图3-25所示。

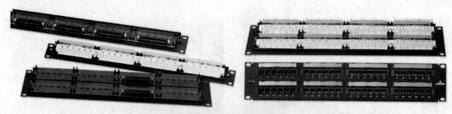

图 3-23 配线架

图 3-24 光纤配线架

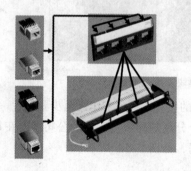
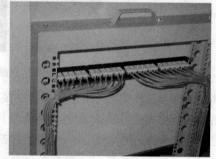

图 3-25 配线架安排效果

配线架的型号很多，每个厂商都有自己的产品系列，在具体项目中，应参阅产品手册，根据实际情况进行配置。

三、理线架

理线架可安装于机架的前端提供配线或设备用跳线的水平方向线缆管理；理线架简化了交叉连接系统的规划与安装，简单地说，就是理清网线，方便以后管理。理线架外观及安装效果如图 3-26 所示。

理线架

图 3-26 理线架及安装效果图

四、机柜

机柜广泛应用于计算机网络设备、有线/无线通信器材、电子设备的叠放。机柜有增强电磁屏蔽，削弱设备工作噪声，减少设备地面面积占用的优点，对于一些高档机机柜还具备空气过滤和提高精密设备工作环境质量的功能。很多工程级的设备的面板宽度都用 19 英寸，所以 19 英寸的机柜是最常见的一种标准机柜。

标准机柜的结构比较简单，主要包括基本框架、内部支撑系统、布线系统、通风系统。标准机柜根据组装形式和材料选用的不同，可以分成很多性能和价格档次。19 英寸标准机外型有宽度、高度、深度三个常规指标。虽然 19 英寸面板设备安装宽度为 465 mm，但机柜的物理宽度常见的产品为 600 mm 和 800 mm 两种。高度一般为 0.7～2.4 m，可根据柜内设备的多少和统一格调而定。通常厂商可以定制特殊的高度，常见的成品 19 英寸机柜高度有 1.6 m 和 2 m。机柜的深度一般为 400～800 mm，根据柜内设备的尺寸而定。厂商也可制特殊深度的产品，常见的成品 19 英寸机柜深度为 500 mm、600 mm、800 mm。19 英寸标准机柜内设备安装所占高度用一个特殊单位"U"表示，1 U=44.45 mm。使用 19 英寸标准机柜的设备面板一般都是按 nU 的规格制造。对于一些非标准设备，大多可以通过附加适配板，装入 19 英寸机箱并固定来定制。

机柜分有立式和挂墙式两种。另外，如果是四面都没有封闭的，称为机架，如图 3-27 和图 3-28 所示。

（a）立式机柜

（b）挂墙式机柜

（c）安装效果

图 3-27 机柜外观

图 3-28 开放式机架及安装效果

五、桥架

在一个综合布线项目中，比起造价昂贵、高科技的硬件和软件，桥架显得很不起眼，也很少为人关注，但它却也是整个布线工程中不可缺少的部分。桥架的作用有三种：第一是支撑线缆；第二是保护线缆；第三是管理线缆。各个国家由于历史传承、使用习惯等各种因素，都有自己常用的桥架类型。在数据中心和机房应用中，美国最常用的传统桥架是穿管，欧洲国家则使用穿孔桥架，亚洲国家则偏好封闭桥架，而这些都可归类于传统的封闭式布线方式。与之相对应的则是近年来越来越流行的敞开式布线，使用的是一种特殊的开放式桥架，各种桥架效果如图 3-29 所示。

封闭式桥架

开放式桥架

图 3-29　桥架

> **小提示**
>
> 开放式桥架的优点：
>
> 首先，开放网格式桥架让线缆根根可见，可以全面管控布线工程的质量，日后万一发生故障，也能快速确定问题线缆并采取相应措施。
>
> 其二，开放网格式桥架允许从任意点出线，可以很方便地和机柜、机架连接起来，而且能随意更改出线点；普通线槽则必须在出线点钻孔，而且不好更改。
>
> 其三，开放式桥架在机房中运用起来很方便，因为机房中线缆的移动、增减和变更十分频繁，而且经常升级扩建。开放的结构，可以直接进行线缆的各种变化。

桥架按组成材料来分：可分为中碳钢、不锈钢、铝合金、玻璃钢；按样式来分：可分为槽式、梯式、托盘式、网格式，如图 3-30 所示。

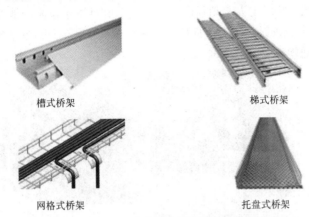

图 3-30　各种不同的桥架

六、管槽

布线系统中除了线缆和设备外，管槽是一个重要的组成部分，金属槽、PVC 槽、金属管、PVC 管都是综合布线系统的基础性材料。在综合布线系统中使用的管槽材料主要有以下几种：金属槽和附件、金属管和附件、PVC 塑料槽和附件、PVC 塑料管和附件。

现在对上述几种管槽材料加以简要介绍。

1．线管(钢管)

钢管按壁厚不同分为普通钢管、加厚钢管和薄壁钢管。普通钢管和加厚钢管统称为水管，有时简称为厚管，它有管壁较厚、机械强度高和承压能力较大等特点，在综合布线系统中主要用于垂直干线上升管路、房屋底层。薄壁钢管又简称薄管或电管，因管壁较薄承受压力不能太大，常用于建筑物天花板内外部受力较小的暗敷管路。

2．线管(塑料管)

（1）聚氯乙烯管材（PVC-U 管）

PVC 管是综合布线工程中使用最多的一种塑料管，管长通常为 4 m、5.5 m 或 6 m，PVC 管具有优异的耐酸、耐碱、耐腐蚀性，耐外压强度、耐冲击强度等都非常高，具有优异的电气绝缘性能，适用于各种条件下的电线、电缆的保护套管配管工程，如图 3-31 所示。

图 3-31　PVC 管及配套接头

（2）双壁波纹管

双壁波纹管刚性大，耐压强度高于同等规格之普通光身塑料管；重量是同规格普通塑料管的一半，从而方便施工，减轻工人劳动强度；密封好，在地下水位高的地方使用更能显示其优越性；波纹结构能加强管道对土壤负荷抵抗力，便于连续敷设在凹凸不平的地面上；使用双壁波纹管工程造价比普通塑料管降低1/3，如图3-32所示。

图3-32 双壁波纹管

（3）高密聚乙烯管材（HDPE管）

高密聚乙烯管管材有较强的抗冲击性，耐热、耐磨及耐酸碱腐蚀性，管材密度小，质量小，便于运输和安装，如图3-33所示。

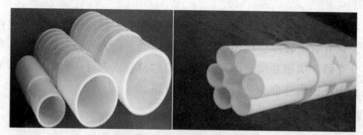

图3-33 高密度聚乙烯管

（4）子管

子管口径小，管材质软。适用于光纤电缆的保护，如图3-34所示。

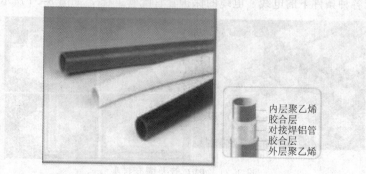

图3-34 子管

（5）铝塑复合管

铝塑复合管良好的屏蔽材料；因此常用作综合布线、通信线路的屏蔽管道，如图3-35所示。

（6）硅芯管

硅芯管用于吹光纤管道，敷管快速，如图3-36所示。

图 3-35　铝塑复合管　　　　　　图 3-36　硅芯管

（7）混凝土管

其中的砂浆管在一些大型的电信通信施工中常常使用，如图3-37所示。

3．线槽（PVC塑料槽、钢槽）

PVC塑料槽是一种带盖板封闭式的管槽材料，盖板和槽体通过卡槽合紧。从型号上讲有PVC-20系列、PVC-25系列、PVC-25F系列、PVC-30系列、PVC-40系列和PVC-40Q系列等，从规格上讲有 20 mm×12 mm、25 mm×12.5 mm、25 mm×25 mm、30 mm×15 mm 和 140 mm×20 mm 等。与PVC槽配套的连接件有：阳角、阴角、直转角、平三通、左三通、右三通、连接头、终端头等，如图3-38所示。

图 3-37　混凝土管

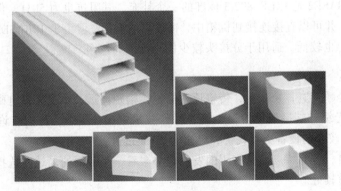

图 3-38　PVC线槽及连接件

钢槽的外形与塑料槽的外形类似，但它的品种规格少一些，在综合布线系统中，一般使用的钢槽的规格有 50 mm×100 mm、100 mm×100 mm、100 mm×200 mm、100 mm×300 mm、200 mm×400 mm 等多种规格。

走访已经做好综合布线的建筑物或者园区，了解本大楼综合布线或者园区综合布线各系统所用的各种布线产品及数量。

知识链接

一、传输介质选择

传输介质的选择和介质访问控制方法有极其密切的关系。传输介质决定了网络的传输速率、网络段的最大长度、传输可靠性（抗电磁干扰能力）、网络接口板的复杂程度等，对网络成本也有巨大影响。随着多媒体技术的广泛应用，宽带局域网络支持数据、图像和声音在同一传输介质中传输是今后局域网络的应用发展方向。

网络传输介质的选择，就是以（屏蔽）双绞线电缆、基带同轴电缆以及光缆根据性能价格比要求进行选择，以确定采用何种传输介质，使用何种介质访问方法更合适。在此，提出如下建议：

1．双绞线

双绞线的传输速率比较高，能支持各种不同类型的网络拓扑结构。双绞线有屏蔽和无屏蔽之区别。使用双绞线作为基带数字信号的传输介质成本较低，是一种廉价的选择。但双绞线受网段最大长度的限制，只能适应小范围的网络。

双绞线以太网有 10BASE-T 和 100BASE-T 等。10BASE-T 的主要内容如下：

- 一般双绞线的最大长度为 100 m。
- 双绞线的每端需要一个 RJ-45 接头。
- 各段双绞线通过称为集线器的 10BASE-T 中继器互连。
- 10BASE-T 中继器可以利用收发器电缆连到以太网上。

2．同轴电缆

同轴电缆用于计算机网络有 3 种形式。同轴电缆抗干扰能力优于双绞线，价格适中，使用中继器可连接大范围的局域网络。在局域网中较为常用。

在基带同轴电缆中，10BASE5 是一种原始的 IEEE 802.3 标准粗同轴电缆，其直径为 10mm，阻抗为 50Ω，10BASE2 是 IEEE 802.3 标准的一个补充，其阻抗也为 50Ω，但它较细，在布线转角处易于转弯，并可以直接连接到机箱中，铺设灵活方便。但由于 10BASE2 较细，信号衰减较大，抗干扰能力也较低，适用于分接头较少的小范围局域网。

3．光缆

光缆的特点是频带宽，衰减小，传输速率高，传输距离远，不受外界电磁干扰，但价格不便宜，而且用于光缆的端接器件价格也高，操作技术也比较复杂。目前有许多采用光缆方案（FDDI），它能以较小的设备更新代价，迅速向 ATM 过渡。

上述 3 种材料，各有特点，从应用的发展趋势来看，小范围的局域网选择双绞线较好，大范围网络选择光缆较好。

二、综合布线各子系统设备选型

1．工作区子系统设备

工作区子系统由终端设备、水平配线系统的信息插座、连接信息插座和终端设备的跳线以及适配器组成。常见的终端设备有电话机、计算机、仪器仪表、传感器和各种各样的信息接收机。一个独立的工作区通常有一台计算机和一台电话机。

2．水平干线子系统设备

水平布线子系统（又称水平子系统）是综合布线系统的分支部分，是综合布线工程中工程量最大、范围最广、最难施工的一个子系统。它由通信引出端（又称信息插座）至楼层配线架以及它们之间的缆线组成。水平布线子系统设计范围较分散，遍及整个智能化建筑的每一个楼层，且与房屋建筑结构和管槽系统有密切关系。水平区子系统应由工作区用的信息插座，楼层分配线设备至信息插座的水平电缆、楼层配线设备和跳线等组成。

在水平干线布线系统中常用的线缆有 4 种：
- 100 Ω 非屏蔽双绞线（UTP）电缆。
- 100 Ω 屏蔽双绞线（STP）电缆。
- 50 Ω 同轴电缆。
- 62.5 μm/125 μm 光纤电缆。

对于这 4 种电缆的种类、规格、性能已在前面作了叙述，这里就不再赘述。

3．干线子系统的设备

垂直干线子系统由设备间子系统、管理子系统和水平子系统的引入设备之间相互连接的电缆组成。实际设计中，可根据建筑物的楼层面积、建筑物的高度和建筑物的用途来选择干线子系统线缆的类型。在干线子系统中可采用以下 4 种类型的线缆：
- 100 Ω 非屏蔽双绞线（UTP）电缆。
- 100 Ω 屏蔽双绞线（STP）电缆。
- 50 Ω 同轴电缆。
- 62.5 μm/125 μm 光纤电缆。

4．管理间子系统的设备

现在，许多大楼在综合布线时都考虑在每一楼层都设立一个管理间，用来管理该层的信息点，屏弃了以往几层共享一个管理间子系统的做法，这也是布线的发展趋势。作为管理间一般有以下设备：机柜、集线器、信息点集线面板、语音点 S110 集线面板、集线器的整压电源线。

作为管理间子系统，应根据管理的信息点的多少安排使用房间的大小。如果信息点多，就应该考虑一个房间来放置；信息点少时，就没有必要单独设立一个管理间，可选用墙上型机柜来处理该子系统。

在管理间子系统中，信息点的线缆一般是通过信息点集线面板进行管理的，而语音点的线缆是通过 110 型交连硬件进行管理的。信息点的集线面板有 12 口、24 口、48 口等，应根据信息点的多少配备集线面板。

5．设备间的设备

设备间的主要设备有数字程控交换机、计算机、配线架等，它是管理和维护人员进行工作的场合，因此，设备间要有足够的空间，使用面积不能太小。设备空间（从地面到天花板）应保持 2.55 m 高度的无障碍空间；门的大小为高 2.1 m，宽 90 cm；主交接间与设备间的门开启方向须向外；地板承重能力不能低于 500 kg/m^2。设备间内的所有进线及终端设备，应该采用色标标志以区别各种不同用途的配线区，从而便于用户对整个系统的维护。

设备间应采用不间断电源（UPS），以防止停电造成网络通信中断。UPS 应提供不少于 2 小时的后备供电能力。

6. 建筑群子系统的设备

建筑群数据网的主干线缆一般应选用多模或单模室外光缆，芯数不少于 12 芯，并且宜用松套型、中央束管式。建筑群数据网的主干线缆作为使用光缆与电信公用网连接时，应采用单模光缆，芯数应根据综合通信业务的需要而定。

建筑群数据网主干线缆如果选用双绞线时，一般应选择高质量的大对数双绞线。当从 CD 至 BD 使用双绞线电缆时，总长度不应超过 1 500 m。对于建筑群语音网的主干线缆，一般可选用三类大对数电缆。

7. 进线间的设备

进线间子系统应由综合布线系统的建筑物进线设备、电话、数据、计算机等各种主机设备及其保安配线设备等组成。

实　　训

本次实训是项目三任务一实训的继续，通过该幢建筑物的设计，完成产品的选型，并完成表 3-9。如该幢大楼已经有了综合布线系统，请继续调查，完成表 3-10 并与之比对，看看自己的选型是否合理，或者指出该大楼布线的产品选型的缺陷。

表 3-9　该幢大楼综合布线产品选型表

子系统名称	有否	设备名称	传输介质	管槽类型	信息插座	其他硬件
工作区						
进线间						
设备间						
管理间						
水平子系统						
干线子系统						
建筑群子系统						

表 3-10　大楼布线系统设备调查表

子系统名称	有否	设备名称	传输介质	管槽类型	信息插座	其他硬件
工作区						
进线间						
设备间						
管理间						
水平子系统						
干线子系统						
建筑群子系统						

实训评价表见表 3-11。

表 3-11 任务三实训评价表

评价项目		自己评价	同学评价	老师评价
职业能力	能否获得数据			
	数据是否准确			
通用能力	观察能力			
	动手能力			
	自我提高能力			
	合作意识			
综合评价				

任务四　材料预算表的制作

任务描述

综合布线系统工程的概预算是对工程造价进行控制的主要依据，它包括设计概算和施工图预算。设计概算是设计文件的重要组成部分，应严格按照批准的可行性报告和其他相关文件进行编制。施工图预算则是施工图设计文件的重要组成部分，应在批准的初步设计概算范围内进行编制。通过本任务学习，学生将掌握综合布线系统材料概预算表的制作方法及标准。

预备知识

一、预算表内容

综合布线系统材料预算表能统计完成综合布线项目需要用到的材料，包括以下内容：
双口信息插座（含模块）、插座底盒、电缆、线槽、配线架、理线环、网络机柜、水晶头、标签、机柜螺丝、线槽三通等。其中把终端、标签、机柜螺钉、线槽三通等零星琐碎的材料归纳为"标签等零星施工耗材或辅材"。

二、材料用量计算公式

1. RJ-45 头的需求量计算公式

RJ-45 头的需求量一般用下述方式计算：

$$m = n \times 4 + n \times 4 \times 15\%$$

式中：m——RJ45 的总需求量。
　　　n——信息点的总量。
　　　$n \times 4 \times 15\%$——留有的富余量。

2. 信息模块的需求量计算公式

信息模块的需求量一般为

$$m = n + n \times 3\%$$

式中：m ——信息模块的总需求量；
  n ——信息点的总量；
  $n \times 3\%$ ——富余量。

3．电缆需求量计算公式

电缆的计算公式有 3 种，现将 3 种方法提供给读者参考：

（1）订货总量（总长度 m）= 所需总长 + 所需总长 $\times 10\%$ + $n \times 6$

式中：所需总长 ——n 条布线电缆所需的理论长度；
  所需总长 $\times 10\%$ ——备用部分；
  $n \times 6$ ——端接容差。

（2）整幢楼的用线量 = $\sum N C$

式中：N ——楼层数；
  C ——每层楼用线量；其中 $C = [0.55 \times (L + S) + 6] \times n$；
  L ——本楼层离水平间最远的信息点距离；
  S ——本楼层离水平间最近的信息点距离；
  N ——本楼层的信息插座总数；
  0.55 ——备用系数；
  6 ——端接容差。

（3）总长度 = $A + \dfrac{B}{2 \times n \times 3.3 \times 1.2}$

式中：A ——最短信息点长度；
  B ——最长信息点长度；
  n ——楼内需要安装的信息点数；
  3.3 ——系数 3.3，将米（m）换成英尺（ft）；
  1.2 ——余量参数（富余量）。

用线箱数 = $\dfrac{\text{总长度}}{1000} + 1$

双绞线一般以箱为单位订购，每箱双绞线长度为 305m。设计人员可用这 3 种算法之一来确定所需线缆长度。

4．设备间面积计算

对设备间的使用面积有两种方法来确定。

（1）面积 $S = K \sum S_i$ $i = 1, 2, \cdots, n$

式中：S ——设备间使用的总面积，m^2；
  K ——系数，每一个设备预占的面积，一般 K 选择 5、6、7 三种（根据设备大小来选择）；
  $\sum$ ——求和；
  S_i ——代表设备件；
  i ——变量 $i = 1, 2, \cdots, n$。n 代表设备间内共有设备总数。

（2）面积 $S = KA$

式中：S ——设备间使用的总面积，m^2；

K——系数，同方法一；

A——设备间所有设备的总数。

5. 线槽的数量计算

根据施工平面图测量可知线缆的使用长度，线槽的管径（S）的计算公式为

$$\text{线槽的截面积} = \text{水平线缆面积} \times 3$$

6. 配线架的数量计算

（1）设备间语音配线架数量的计算

语音干线多采用大对数电缆，语音干线的所有线对都要端接于配线架上。所以设备间中语音系统的 110 配线架的规模应按以下公式计算：

$$V = 2 \times \left(\frac{S_v}{F} + 1 \right)$$

式中：V——设备间中语音配线架的数量。

S_v——语音干线的线缆对数之和。

F——所采用的 110 配线架的规格。如果采用 50 对 110 配线架，取 $F=100$；其余依此类推。

按照该式计算的结果，一半用于与垂直干线的连接，一半用于与建筑群干线的连接。

（2）设备间中双绞配线架数量的计算

在目前的综合布线工程中，数据系统的配线架大多采用快接式配线架。常用的快接式配线架有 24 口、48 口和 96 口等规格。如果采用双绞线作为数据干线，设备间中的配线架相应采用快接式配线架。设备间中的快接式配线架用量按照下列公式计算：

$$D = 2 \times \left(\frac{S_d}{F} + 1 \right)$$

式中：D——快接式配线架的数量；

S_d——作数据干线的 4 对双绞线的根数；

F——采用的快接式配线架的规格，取值方法与上式中 F 的取值方法相似。

按照该式计算的结果，一半用于与垂直干线连接，一半用于与建筑群干线连接。

（3）设备间中数据光纤配线架数量的计算

如果数据干线采用光纤，就要相应采用光纤配线架。光纤配线架的规模按照以下公式进行计算：

$$D_f = 3 \times \left(\frac{S_f}{F} + 1 \right)$$

式中：D_f——光纤配线架的规模；

S_f——用作数据干线的光纤的芯数之和；

F——所采用的光纤配线架的规格，取值方法与上式中 F 的取值方法相似。

由于在计算楼层配线间的配线架规模时没有考虑数据干线采用光纤的情况，按照该式计算的结果中有 1/3 用于楼层配线间；1/3 用于设备间中与垂直干线的连接；1/3 用于设备间中与建筑群干线的连接。

由于配线架不中能取半个，因此所得数需要取整。

7. 统计预算理线环的数量

理线环即理线器，在综合布线中起到整理线缆的作用。综合布线系统中，有些品牌的配线架自带理线环，有些需要单独配置理线环。如果需要单独配置理线环，则可以以 1 对 1 的形式配置，也可以以 1 对 2 的形式配置。使用数量应该等于数据配线架数量加上语音配线架数量。

8. 机柜数量的计算

从设备及线缆的放置及端接考虑，将配线架、理线环及后期准备购进的交换机等网络设备放置于一个网络机柜内。每个机柜最好留点空间，便于以后网络设备、服务器设备的扩充，综合布线柜里有可能除了网络布线外，还有能布置电话线，所以要在机柜里留下一定空间。这可以根据具体设备进行预算。

9. 跳线数量的计算

（1）管理区子系统

一般为 1 m 的跳线，数量与线路数量比为 1:1。

（2）工作区子系统

一般都是每个位置一条 2 m 的跳线，数量与位置数比为 1:1，然后再适度的抛出一点数量做预备。

（3）设备间子系统

数量与线路数量比为 1:1。

任务实现

以"YY 公司"的综合布线工程为例，完成综合布线系统材料预算表制作。此表利用 Excel 软件制作完成。

（1）制作预算表头内容

预算表中应给出完成整个项目需要用到的材料预算值。在设立该表时，一要考虑表中内容能充分说明完成工程需要的材料及其数量；二要充分反映每样材料的大致用途；三要能明确的给出各种材料的预算值和最终总预算值，以便用户衡量及评定该预算是否合适。

预算表表头效果如图 3-39 所示。

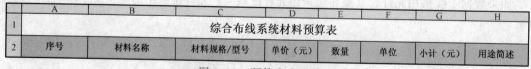

图 3-39　预算表表头效果

（2）根据项目需求、系统图、平面施工图，确定设备、材料。将此内容进行填写，效果如图 3-40 所示。

（3）计算各材料的用量，并填充到表内，效果如图 3-41 所示。

（4）完成预算表"合计""制表人""制作日期"等项目的制作，效果如图 3-42 所示。

	A	B	C	D	E	F	G	H
1								
2	序号	材料名称	材料规格/型号	单价	数量	单位	小计	用途简述
3	1	双口信息插座（含模块）	超5类RJ-45接口 86系列塑料	60		套		
4	2	插座底盒	明装，86系列塑料	1		个		
5	3	超5类非屏蔽双绞线	Cat 5e 4PR UTP	750		箱		
6	4	线槽	PVC，白色	3		米		
7	5	配线架	1U，24口超5类	1000		个		
8	6	100对机柜式配线架	110语音配线架，10	200		个		
9	7	理线环	1U	120		个		
10	8	网络机柜	36U	1600		个		
11	9	水晶头	RJ-45	1		个		
12	10	标签等零星配件	/	/		/		

图 3-40　预算表效果图

	A	B	C	D	E	F	G	H
1			综合布线系统材料预算表					
2	序号	材料名称	材料规格/型号	单价（元）	数量	单位	小计（元）	用途简述
3	1	双口信息插座（含模块）	超5类RJ-45接口 86系列塑料	60	59	套	3540	
4	2	插座底盒	明装，86系列塑料	1	59	个	59	
5	3	超5类非屏蔽双绞线	Cat 5e 4PR UTP	750	15	箱	11250	
6	4	线槽	PVC，白色	3	300	m	900	
7	5	配线架	1U，24口超5类	1000	6	个	6000	
8	6	100对机柜式配线架	110语音配线架，1U	200	1	个	200	
9	7	理线环	1U	120	7	个	840	
10	8	网络机柜	36U	600	2	个	3200	
11	9	水晶头	RJ-45	1	200	个	200	
12	10	标签等零星配件	/	/	/	/	2000	
13	11	网络跳线	超5m，原装，1m	20	80	条	1600	
14	12	鸭嘴跳线	1对	25	20	条	500	

图 3-41　完成预算数量效果图

	A	B	C	D	E	F	G	H
1								
2	序号	材料名称	材料规格/型号	单价（元）	数量	单位	小计（元）	用途简述
3	1	双口信息插座（含模块）	超5类RJ-45接口 86系列塑料	560	59	套	3540	
4	2	插座底盒	明装，86系列塑料	1	59	个	59	
5	3	超5类非屏蔽双绞线	Cat 5e 4PR UTP	750	15	箱	11250	
6	4	线槽	PVC，白色	3	300	m	900	
7	5	配线架	1U，24口超5类	1000	6	个	6000	
8	6	100对机柜式配线架	110语音配线架，1U	200	1	个	200	
9	7	理线环	1U	120	7	个	840	
10	8	网络机柜	36U	1600	2	个	3200	
11	9	水晶头	RJ-45	1	200	个	200	
12	10	标签等零星配件	/	/	/	/	2000	
13	11	网络跳线	超5类，原装，1m	20	80	条	1600	
14	12	鸭嘴跳线	1对	25	20	条	500	
15							合计：30289	
16								
17		制表人：×××				制表时间：20××年××月××日		

图 3-42　预算表完成效果图

至此,综合布线系统材料预算表就完成了。

知识链接

一、水平子系统布线距离计算

首先确定布线方法和走向,然后确定每个楼层配线间或二级交接间所要服务的区域,再确定离楼层配线架最近的和最远的信息插座,按照可能采用的电缆路由确定最远和最近的信息插座的连接电缆走线距离。

二、电缆的订购

双绞电缆是以箱为单位订购的,一箱电缆约 305 m。因此订货之前,在计算出总用线量后还应将其折算为电缆箱数。特别要留意从订购的每箱内可获得的平均走线长度和走线数量。

例如,已知 200 个信息插座,平均走线长度为 25 m,则要求订购的电缆长度为 25 m×200=5 000 m。现在假定采用305米/箱的包装形式,为满足电缆需要,所需的数量似乎应该是 5000÷305=16.39,即 17 箱。但这预算方法是不正确的,因为 17 箱电缆是不可以连续布线的,每箱电缆的零头电缆部分是不够敷设的。

正确的方法是用整箱的长度除以平均走线长度,就可得出每箱的电缆走线数量,即

$$每箱最大可订购长度÷电缆走线的平均长度=每箱的电缆走线数量$$

$$305÷25=12.2 \text{ 根/箱}$$

因为每个信息插座需要 1 根双绞电缆,电缆走线总数等于信息插座总数,故这里的电缆线根数/箱只能向下取整(12),所以信息插座总数÷电缆走线根数/箱=箱数。即 200÷12=16.7,向上取整,应订购 17 箱。

虽然计算结果仍为订购 17 箱电缆,但预算方法的合理性是不一样的。当电缆订购数量越多则产生的差异就会越大。

三、什么是鸭嘴跳线

模块化的 IDC 跳插线(俗称"鸭嘴跳线",如 BIX-RJ-45 跳插线),主要跳接 110 语音配线架和 RJ-45 模块配线架,如图 3-43 所示。

四、操作的过程中的注意事项

(1)在本任务中,并没有涉及项目建设中的网络设备价格。如需在综合布线的过程中购进网络设备则只需在预算表中加入对应的设备名称及其价格,在合计中加入网络设备的购置价格即可。

图 3-43 鸭嘴跳线

(2)本任务中没有涉及相关的维护费及检测费等费用。在实际工程中预算表还应包含工程中的若干费用内容(如设计费、测试费、施工费、税金等)。若按实际工程中包含各项费用预算制作预算表,则可以得出图 3-44 所示的预算表。

	A	B	C	D	E	F	G
3			校园数据和语音布线				
4	序号	品名及型号		单价	包装	数量	总价（元）
5	1	超五类RJ45模块（白色）C5-262		25	个	636	15,900
6	2	双口面板（白色）86型		7	个	349	2,443
7	3	超五类非屏蔽双绞线（305米/轴）1053004CSL		532	箱	127	67,564
8	4	数据跳线RJ45-RJ45（自制）		14	条	1272	17,808
9	5	1U过线槽		70	个	21	1,470
10	6	超五类48口模块式配线架PM2150PSE-48		2,380	个	12	28,560
11	7	8芯层绞式铠装光缆3DVX-008-HXM		35	m	3309	115,815
12	8	P2020C-C-125 ST 接头		60	个	208	12,480
13	9	C2000A-2 ST耦合器		46	个	208	9,568
14	10	600A2光纤配线架		882	个	18	15,876
15	11	12口ST光纤面板(用于600A1)		294	个	13	3,822
16	12	24口ST光纤面板(用于600A2)		294	个	5	1,470
17	13	光纤跳线 ST-SC (双芯,3m)		140	条	36	5,040
18	14	主设备间数据配线标准机柜42U		3,360	个	4	13,440
19	15	分设备间标准机柜24U		1,960	个	13	25,480
20	A	布线材料费用小计					336,736
21	B	布线设计、督导、配线、端接及测试（A×12%）					40,408
22	C	双绞线铺放人工（0.8元/米，127箱线共38735米）					30,988
23	D	光纤铺放费（4元/米）					13,236
24	E	工程税费：(A+B+C+D)*(6%)					25,282
25		合　　计					446,650

图 3-44 工程预算表

实　　训

本次实训是前几次实训的继续，在完成建筑物基本情况的调查，并作出综合布线的设计之后，将进行综合布线工程预算工作，并完成表3-12。通过实训可以锻炼计算能力和统计能力，并形成成本意识。

提示：单价可以通过Internet或者计算机市场获取。

表3-12 任务四实训记录表

序号	品名及型号	单价	包装形式	数量	总价

任务五 机柜安装大样图的制作

任务描述

综合布线系统机柜安装大样图是安装在机柜内的各个设备的立体安装表示形式,它能在设计阶段反映出各种购置的设备在机柜中的安装情况。安装人员可根据设计人员的设计对设备及机柜进行安装。机柜安装大样图是设备在机柜内安装时的参考和依据。

通过本任务的学习,掌握综合布线系统机柜安装大样图制作的流程及标准。

预备知识

随着计算机与网络技术的发展,服务器、网络通信设备等IT设备正在向着小型化、网络化、机架化的方向发展,机房对机柜管理的需求将日益增长。机柜/机架将不再只是用来容纳服务器等设备的容器,不再是IT应用中的低值、附属产品。在综合布线领域,机柜正成为其建设中的重要组成部分越来越受到关注。

一、容量"U"的概念

19英寸标准机柜内设备安装所占高度用一个特殊单位"U"来表示,1 U=44.45 mm。U是指机柜的内部有效使用空间,也就是能装多少U的19英寸标准设备,使用19英寸标准机柜的标准设备的面板一般都是按 n 个 U 的规格制造。

二、接地的概念

接地有信号接地和机壳接大地等情况,设备的信号接地的作用是提供设备部分或全部电路的电平参考平面,理想的接地平面是零电位、零阻抗的物理实体,任何电流通过它的时候都不会产生压降,通常信号接地采用专用的接地铜排来实现。

机壳接大地是为实现设备安全接地,防止漏电实现对操作人员的安全保护,另外的一个作用是泄放因静电感应在机壳上的积累电荷,以免电位升高造成放电,以此提高设备的安全性。

三、网络型机柜和服务器型机柜的区别

网络机柜和服务器机柜均是 19 英寸标准机柜,服务器机柜是用来安装服务器、显示器、UPS 等 19 英寸标准设备及非 19 英寸标准的设备,在机柜的深度、高度、承重等方面均有要求,宽度一般为 600 mm,深度一般在 900 mm 以上,因机柜内部设备散热量大,前后门均带通风孔。

网络机柜主要是存放路由器、交换机、配线架等网络设备及配件,深度一般小于 800 mm,宽度 600 mm 和 800 mm 都有,前门一般为透明钢化玻璃门,对散热及环境要求较低。

四、机架和机柜的区别

机柜与机架它们都是用来放置19英寸设备的,但机架就是敞开式的,前后左右没有门便于相关设备的安装与施工,但防尘性比较差,相对机柜而言,对外部环境要求更高一些。而机柜是封闭的,有利于保护内部设备。

五、大样图概念

大样指对设计中一些细部的重点放大表示。常以原样（或接近）的比例在图纸中体现，俗称大样图。有时节点图的比例按 1:1 或（1:2）的大小出现时，也可称为节点大样。很多工艺中的大样就是将局部放大画出大样图或制出大样实物，通过大样图，能清楚了解施工及制作的要求。

任务实现

本任务通过 Visio 绘图软件来实现。

一、建立 Visio 文件

在 Microsoft Visio 2007 内选择"文件"→"新建"→"网络"→"机架图"，并以文件名"机柜大样图"保存该文件。

二、添加机柜，设定机柜大小

（1）如图 3-45 所示，在"形状"工具栏→"机架式安装设备"中选择"机柜"选项。
（2）将"机柜"拖放到 Visio 工作页面内，如图 3-46 所示。

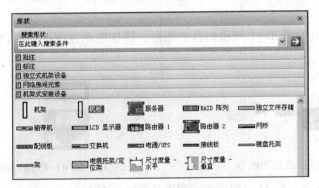
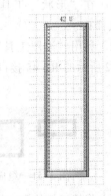

图 3-45　形状工具栏　　　　　　　　　图 3-46　绘制机柜效果

（3）将机柜的高度属性设置为"36U"，效果如图 3-47 所示。

三、添加理线环

由 Visio 内建的形状模板库内没有理线环的图标，暂时利用"架"做替代，效果如图 3-48 所示。

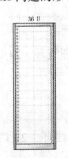

图 3-47　设置机柜高度属性效果　　　　图 3-48　"架"效果图

四、制作添加 100 对 110 语音配线架

(1)由于 Visio 内建的形状模板库内没有 110 语音配线架的图标,暂时利用"架"进行处理后做替代。在"形状"工具栏→"机架式安装设备"中选择"架"选项,将其拖放到 Visio 工作页面内。再自行绘制图 3-49 所示的图形模拟 110 接口。

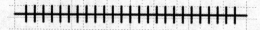

图 3-49　绘制模拟 110 接口

(2)重复制作 3 次图 3-49 所示的图形,共制作 4 个,模拟 100 对大对数电缆的接口。将其和"架"叠加在一起组成图 3-50 所示的表示 100 对 110 语音配线架的图标。

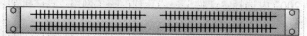

图 3-50　100 对 110 语音配线架图标

五、制作添加 24 口配线架

(1)在"形状"工具栏→"机架式安装设备"中选择"架"选项,将其拖放到 Visio 工作页面内。

(2)利用"绘图工具"绘制出如图 3-51 所示的几个图形,将这些单独的图形组合成如图 3-52 所示的 RJ-45 接口图标。

图 3-51　组成 RJ-45 接口的几个图形　　图 3-52　组合成 RJ-45 接口图标

(3)将接口模块和"架"组合成一个 24 口配线架,制作效果图如图 3-53 所示。

图 3-53　24 口配线架制作效果图

六、构建理线环和配线架组合,组建语音配线区域

从机柜由下往上第 5 个 U 开始依次放置:理线环、110 语音配线架、理线环、24 口配线架、理线环、24 口配线架、理线环、24 口配线架。机柜局部效果如图 3-54 所示。

七、构建理线环和配线架组合,组建数据配线区域

从机柜由下往上第 14 个 U 开始依次放置:理线环、24 口配线架、理线环、24 口配线架、理线环、24 口配线架。机柜放置各配线架后局部效果如图 3-55 所示。

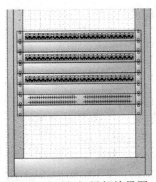
图 3-54 机柜局部效果图

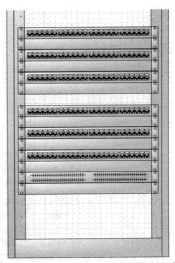
图 3-55 机柜放置各配线架后局部效果图

八、为各配线架进行命名及编号

为各配线架进行命名及编号,以示区别及方便日后查找,注意:理线环不参与命名及编号。利用文本工具,在机柜左侧对应各个配线架输入各自的名称。

(1)语音区域由下而上分别命名为:110 语音配线架、语音 1#、语音 2#、语音 3#。
(2)数据区域由下而上分别命名为:数据配线架 1#、数据配线架 2#、数据配线架 3#。
命名及编号制作完成后的效果图如图 3-56 所示。

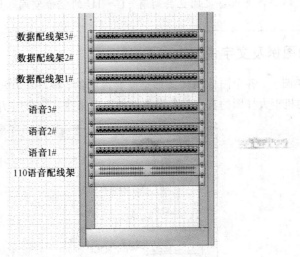
图 3-56 命名及编号制作完成后的效果图

九、添加区域高度及冗余备份空间高度

对于各个区域需添加必要的文字说明,说明该区域总体需要的高度为多少 U,另外机柜剩余的高度有多少 U,可作为冗余备份空间的高度有多少 U。这些都为日后的维护、扩充起到说明作用,如图 3-57 所示。

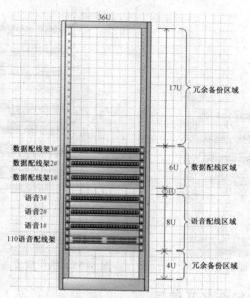

图 3-57　各区域高度说明及文字说明

> **小提示**
>
> 冗余备份区域主要是为日后扩充设备预留的安装空间。另外，在数据配线区域与语音配线区域之间留有 1U 的空余空间，主要是为了形象直观地区分两个区域的空间范围。一般在交换机、路由器等设备之间也会留有 $\frac{1}{3}U\sim 1U$ 的空余空间，这样做的目的主要是为了

十、添加图例及文字说明

在机柜大样图上，各个图标的含义都是需要说明的，最好的方法就是设置图例及文字说明。在上面所建立的机柜大样图的右侧将各个图标抽取出来建立一个图例说明区域，如图 3-58 所示。

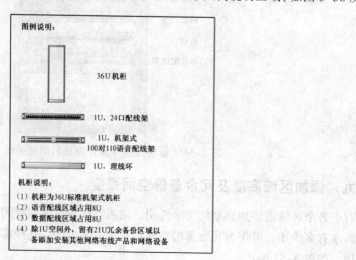

图 3-58　图例说明

十一、添加设计制作人、制作时间及版本信息

（1）利用 Visio 自带的 Excel 功能可以简单地制作一个制作信息表，如图 3-59 所示。

项目名称	YY公司综合布线系统机柜安装大样图
制图人	×××
制图时间	××年××月××日
图表版本号	01-01-02

图 3-59 信息表效果

（2）适当调整 Excel 工作表显示区域大小并放置到合适位置，效果如图 3-60 所示。至此，"YY 公司"综合布线系统机柜安装大样图就完成了。

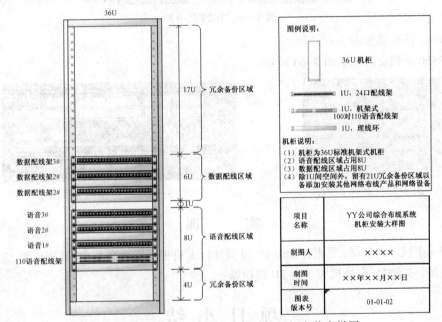

图 3-60 "YY 公司"综合布线系统机柜安装大样图

知识链接

在大样图的制作过程中，力求直观准确地表达出在机柜中安装的各种综合布线产品和它们各自的安装次序及所占空间。该大样图的制作，为后续施工人员安装机柜设备提供了极其重要的参照依据。

在制作机柜安装大样图的过程中要注意以下几点。

（1）在大样图的制作过程中，要注意安装在机柜内的各种设备所占空间的大小，注意它们的比例。

（2）在本任务的大样图制作中，并没有涉及交换机、路由器这些网络设备的安装设计，若实际操作中涉及这些设备，则应该将它们放入机柜中。

（3）各种设备的安装次序不是千篇一律的，主要的原则如下：

① 要归类安装各种设备，以便日后的查找及维护。

② 各类设备之间要留有安装余地，一是为了散热的需要，二是为日后添加设备而适当留出的空间。

③ 体积较大和重量较重的设备可设计并安装在机柜的较低位置，以保持整个机柜的重心及保护设备的安全。

（4）在机柜安装大样图的制作过程中，往往有许多设备的图标在 Visio 里面是不具备的，则用户可以从网上下载相关的 Visio 网络设备图库，直接调用相关的设备图标进行设计即可，这么做即可以免除制作图标的麻烦步骤，也可以保持设备图标的一致性和增加整体设计的美观度。

① 2620 路由器如图 3-61 所示。

图 3-61 2620 路由器

② 7606 路由器如图 3-62 所示。

③ 3550 系列交换机如图 3-63 所示。

图 3-62 7606 路由器

图 3-63 3550 系列交换机

实　　训

制作一个机柜大样图，要求在 36U 的 19 英寸标准机柜中安装有 7 个 1U 理线架、3 个 1U 24 端口配线架、3 台 1U 交换机和 1 台 2U 路由器。

项 目 小 结

本项目主要讲述了综合布线系统设计标准、综合布线产品选型、综合布线系统总体设计。还介绍了综合布线系统标准种类、EIT/TIA 568-A/568-B 标准简介、6 类布线标准简介、《建筑与建筑群布线系统工程设计规范》、产品选型原则、产品选择方法、综合布线系统设计原则、综合布线系统网络结构、综合布线系统设备配置、综合布线子系统设计思路及相关文档、图样的制作等。通过学习，掌握综合布线总体方案和各子系统的设计方法，熟悉一种施工图的绘制方法，掌握设备材料预算方法及工程费用计算方法。

项目四 综合布线工程施工

　　综合布线系统的施工是一项较为复杂的系统工程。施工过程由四方面组成：管槽安装施工、线缆敷设施工、设备安装与端接和调试初验。为保证综合布线工程顺利完成，要根据工期和设计要求，制订出严谨的管理措施和科学的施工进度计划，顺利完成施工组织、产品供应、安装施工管理、系统测试等流程。

学习目标

- 了解和掌握综合布线系统工程的施工基本要求。
- 掌握综合布线系统的设备检验及安装。
- 掌握综合布线系统中电缆传输通道的施工。
- 掌握综合布线系统中光缆传输通道的施工。
- 建立安全生产的思想。

任务一 施工准备

任务描述

综合布线工程项目在实施前,必须做好前期的准备工作。这些工作包括技术准备、资源准备、施工现场检查、器材检验、施工进度计划等工作。施工进度控制关键就是编制施工进度计划,合理安排好前后的工作次序,能对整个工程按时、按质、按量地完成起到正面的促进作用。

预备知识

一、施工组织

为了使综合布线工程能顺利完成,就需要对整个工程进行合理有效的组织、管理,其中包括以下几个方面:

- 确定管理组织机构及人员。
- 制订施工进度表。
- 建立专业的安全管理制度。

二、施工前准备

施工前的准备包括以下几个方面:

- 收集、审定和学习施工用标准、规范及施工图册。
- 备料及器材检验。
- 现场调查工程环境和施工条件。
- 进行线缆布放。

任务实现

利用模拟实训墙来实现此任务。

一、施工准备

1. 环境检查

要准确知道什么地方能布线,什么地方不易布线并向用户方说明,还要用粉笔在走线的地方做出标记,图4-1所示为模拟环境。

图4-1 检查环境并标识布线位置

2. 交接间环境检查

（1）交接间土建工程已全部竣工。房屋地面平整、光洁，门的高度和宽度应不防碍设备和器材的搬运，门锁和钥匙齐全。

（2）房屋预留地槽、暗管、孔洞的位置、数量、尺寸均应符合设计要求。

（3）交接间应提供可靠的电源和接地装置。

（4）交接间的环境温度、湿度均应符合设计要求和相关规定。

3. 利用 Excel 制订施工进度表

制作 Excel 表格，如图 4-2 所示。

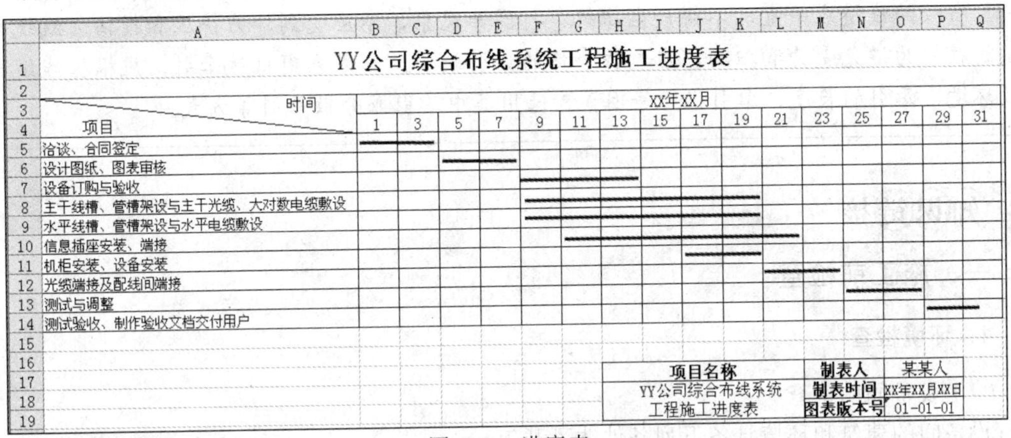

图 4-2 进度表

4. 器材检验

电缆外护套须完整无损，电缆应附有出厂质量检验合格证。若用户要求，应附有本批电缆的电气性能检验报告。光缆开盘后，应先检查光缆外观有无损伤，光缆端头封装是否良好，如图 4-3 至图 4-5 所示。

图 4-3 电缆标记

图 4-4 电缆外包装标签

图 4-5 产品合格证书

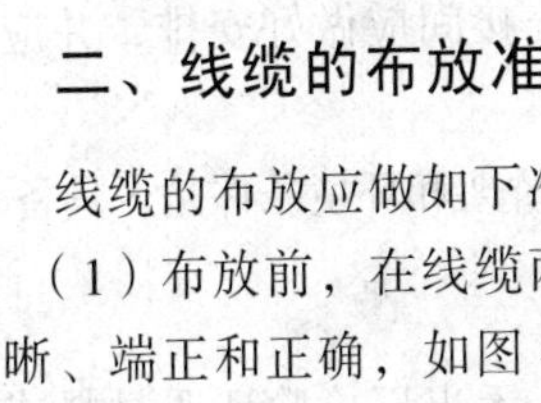

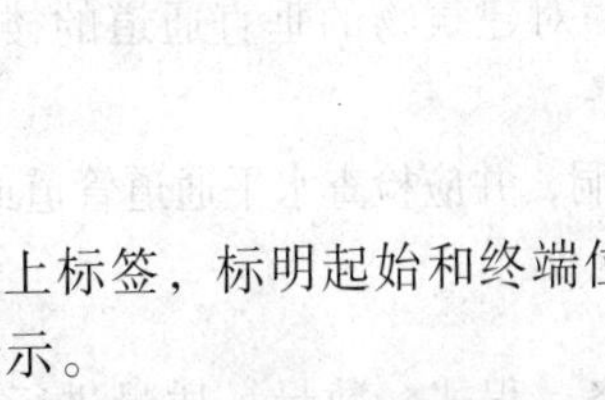

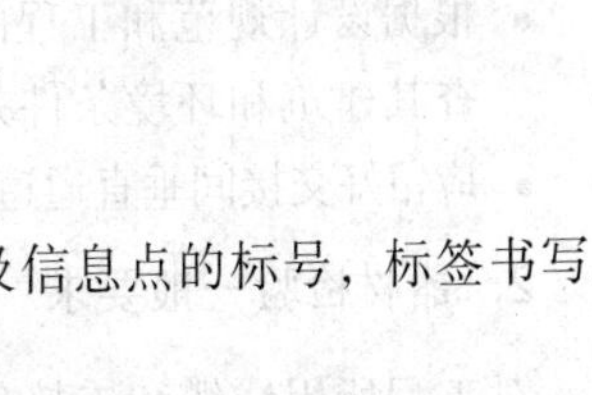

二、线缆的布放准备

线缆的布放应做如下准备：

（1）布放前，在线缆两端贴上标签，标明起始和终端位置以及信息点的标号，标签书写应清晰、端正和正确，如图 4-6 所示。

（2）在二级交接间、设备间双绞电缆预留长度一般为 3~6 m，工作区为 0.3~0.6 m，有特殊要求的应按设计要求预留。

（3）在牵引过程中，吊挂线缆的支点间距不应大于 1.5 m。

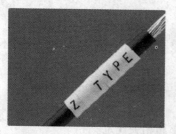 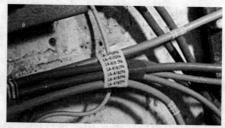

图 4-6 线缆贴标签效果

> **小提示**
>
> 布放的线缆应平直，不得产生扭绞、打圈等现象，不应受到外力挤压和损伤。线缆布放过程中为避免受力和扭曲，应制作合格的牵引端头。如果采用机械牵引，应根据线缆布放环境、牵引的长度、牵引张力等因素，选用集中牵引或分散牵引等方式。

知识链接

一、施工前检查

1. 环境检查

（1）设备间的检查

设备间的建筑和环境具备下列条件才可开工：

- 设备间的土建工程已全部竣工，室内墙壁已充分干燥。设备间门的高度和宽度应不妨碍设备的搬运，房门锁和钥匙齐全。
- 设备间地面应平整光洁，预留暗管、地槽和孔洞的数量、位置、尺寸均应符合工艺设计要求。
- 电源已经接入设备间，应满足施工需要。
- 设备间的通风管道应清扫干净，空气调节设备应安装完毕，性能良好。
- 在铺设活动地板的设备间内，应对活动地板进行专门检查，地板板块铺设严密、坚固，符合安装要求，每平方米水平误差不应大于 2mm，地板应接地良好，接地电阻和防静电措施应符合要求。

（2）交接间的检查

交接间环境要求：

- 根据设计规范和工程的要求，对建筑物的垂直通道的楼层及交接间应做好安排，并应检查其建筑和环境条件是否具备。
- 应留好交接间垂直通道电缆孔洞，并应检查水平通道管道或电缆桥架和环境条件是否具备。

2. 器材检验一般要求

对工程所用线缆和连接件的规格、程式、数量、质量进行检查。无出厂检验证明材料或与设计不符的，不得在工程中使用。经检验的器材应做好记录，对不合格的器件应单独存放，以备核查与处理。

3. 线缆的检验要求

工程所用线缆的规格、程式、形式应符合设计的规定和合同要求。

（1）电缆识别标记

电缆识别标记包括电缆标记和标签。

- 电缆标记：在电缆的护套上约以 1 m 的间隔标明生产厂名或代号及电缆型号，必要时还须标明生产年份。
- 标签：应在每根成品电缆所附的标签或在产品的包装外标明电缆型号、生产厂名或专用标记、电缆长度等信息。

电缆外护套须完整无损，电缆应附有出厂质量检验合格证。若用户要求，应附有本批电缆的电气性能检验报告。

双绞电缆生产厂家一般以 305 m、500 m 和 1 000 m 配盘。305 m 配盘双绞线的包装如图 4-7 所示。在本批量电缆中，从任意 3 盘电缆中截出 100 m 长度进行电缆电气性能抽样测试。测试方法应符合综合布线系统工程验收基本连接图的要求。一般可使用现场 5 类电缆测试仪对电缆长度、衰减、近端串扰等技术指标进行测试。

图 4-7　305 m 配盘双绞线的包装

（2）光缆的检验要求

光缆开盘后，应先检查光缆外观有无损伤，光缆端头封装是否良好。综合布线工程采用 62.5μm/125μm 或 50μm/125μm 渐变折射型多模光缆和 8.3μm/125μm 突变型单模光缆时，现场检验应测试光纤衰减常数和光纤长度。

二、线缆的发放

布放线缆的线缆转弯时弯曲半径如图 4-8 所示。它应符合下列规定，做好线缆的预留工作。

- 非屏蔽 4 对双绞电缆的弯曲半径至少应为电缆外径的 4 倍，在施工过程中至少应为其 3 倍。
- 屏蔽双绞电缆的弯曲半径至少应为电缆外径的 6~10 倍。
- 干线双绞电缆的弯曲半径至少应为电缆外径的 10 倍。
- 水平双绞电缆一般有总屏蔽（缆芯屏蔽）和线对屏蔽两种方式。干线双绞电缆只采用屏蔽方式。屏蔽方式不同，电缆的结构也不同。因此，在屏蔽电缆敷设时，弯曲半径应根据屏蔽方式在电缆外径 6~10 倍中选用。
- 光缆的弯曲半径要大于光缆自身直径的 20 倍。

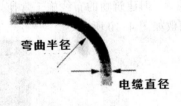

图 4-8　线缆弯曲效果

任务二　综合布线管路和槽道的安装施工

任务描述

管槽安装施工是综合布线工程的第一个环节，管槽系统是综合布线系统工程中必不可少的辅助设施，它为敷设线缆服务。管槽是敷设线缆的通道，它决定了线缆的布线路由。在智能建筑内的综合布线系统经常利用暗敷管路或桥架、槽道进行线缆敷设，它们对综合布线系统的线缆起到很好的支撑和保护作用。此任务的质量好坏直接影响到工程美观度和穿线的难易度。

预备知识

综合布线工程首先考虑是线槽（管）铺设，线槽（管）从使用材料上看分为金属槽、金属管、塑料（PVC）槽及塑料（PVC）管。从布槽范围上分，可分为工作间线槽、水平干线线槽、垂直干线线槽。钢槽（管）具有机械强度高、密封性能好、抗弯、抗压和抗拉能力强等特点，尤其是有屏蔽电磁干扰的作用，管材可根据现场需要任意截锯勒弯，施工安装方便。但是它存在材质较重、价格高且易腐蚀等缺点。PVC线槽和PVC管具有材质较轻、安装方便、抗腐蚀、价格低等特点，因此在一些造价较低、要求不高的综合布线场合需要使用PVC线槽和PVC管。

一、金属管的铺设

金属管应符合设计文件的规定，表面不应有穿孔、裂缝和明显的凹凸不平，内壁应光滑，不允许有锈蚀。在易受机械损伤的地方和在受力较大处直埋时，应采用足够强度的管材。各种金属管槽如图4-9所示。

金属管的敷设主要分为暗敷和明敷两种。

图4-9 金属管槽

1. 金属管的暗敷

旧建筑物的布线施工常使用明敷管路，新的建筑物应少用或尽量不用明敷管路，管道暗敷如图4-10所示。

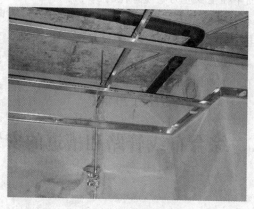

图4-10 管道暗敷

金属管的暗敷应符合下列要求：
- 预埋在墙体中间的金属管内径不宜超过 50mm，楼板中的管径宜为 15~25mm，直线布管 30 mm 处设置暗线盒。
- 敷设在混凝土、水泥里的金属管，其地基应坚实、平整、不应有沉陷，以保证敷设后的线缆安全运行。
- 金属管连接时，管孔应对准，接缝应严密，不得有水泥、沙浆渗入。管孔对准、无错位，以免影响管、线、槽的有效管理，从而保证敷设线缆时穿设顺利。
- 金属管道应有不小于 0.1%的排水坡度。
- 建筑群之间金属管的埋设深度不应小于 0.7 m；在人行道下面敷设时，不应小于 0.5 m。
- 金属管内应安置牵引线或拉线。
- 金属管的两端应有标记，表示建筑物、楼层、房间和长度。
- 光缆与电缆同管敷设时，应在金属管内预置塑料子管。将光缆敷设在子管内，使光缆和电缆分开布放，子管的内径应为光缆外径的 2.5 倍。

2．金属管明敷

金属管明敷主要用于旧建筑。金属管明敷时应符合下列要求：
- 金属管应用卡子固定，这种固定方式较为美观，且在方便拆卸。金属的支持点间距，有要求时应按照规定设计，无设计要求时不应超过 3 m。在距接线盒 0.3 m 处，用管卡将管子固定。在弯头的地方，弯头两边也应用管卡固定。
- 光缆与电缆同管敷设时，应在暗管内预置塑料子管。将光缆敷设在子管内，使光缆和电缆分开布放。子管的内径应为光缆外径的 2.5 倍。

二、金属槽的铺设

金属槽也称金属桥架。金属桥架多由厚度为 0.4～1.5 mm 的钢板制成。与传统桥架相比，具有结构轻、强度大、外型美观、无须焊接、不易变形、连接款式新颖、安装方便等特点，它是敷设线缆的理想配套装置。

金属桥架分为托盘式、槽式、梯式和网格式 4 类，如图 4-11 所示。槽式桥架是指由整块钢板弯制成的槽形部件；梯式桥架是指由侧边与若干个横挡组成的梯形部件。桥架附件用于直线段之间，直线段与弯通之间连接所必需的连接固定或补充直线段、弯通功能部件。支、吊架是指直接支承桥架的部件，它包括托臂、立柱、立柱底座、吊架以及其他固定用支架，两种桥架空间布置效果如图 4-12 至图 4-14 所示。

图 4-11 金属槽的种类

为了防止金属桥架腐蚀，其表面可采用电镀锌、烤漆、喷涂粉末、热浸镀锌、镀镍锌合金纯化处理或采用不锈钢板。我们可以根据工程环境、重要性和耐久性，选择适宜的防腐处理方式。一般腐蚀较轻的环境可采用镀锌冷轧钢板桥架；腐蚀较强的环境可采用镀镍锌合金纯化处理桥架，也可采用不锈钢桥架。

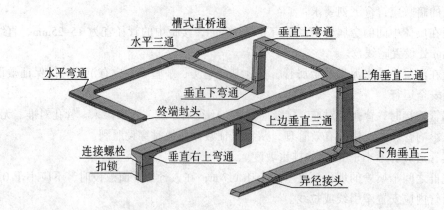

图 4-12 槽式桥架空间布置及桥架附件

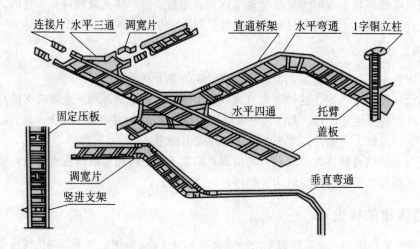

图 4-13 梯式桥架空间布置及桥架附件

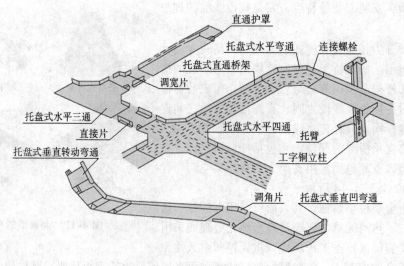

图 4-14 托盘式桥架空间布置及桥架附件

综合布线中所用线缆的性能，对环境有一定的要求。为此，在工程中选用的桥架可视环境要求而定。

托盘式桥架适用于无电磁干扰，不需要屏蔽的区域；环境应干燥清洁、无烟、无灰尘；也可用于要求不高的场合。

梯式桥架适用于环境干燥清洁、无外界干扰的一般场所以及要求不高的场合。

槽式桥架适用于防止外界各种气体及液体等条件恶劣的场所。如部件为金属，还须具备抑制外部电磁干扰的能力，适用于屏蔽场所。

三、PVC塑料管的铺设

PVC管一般是在工作区暗敷线槽，如图4-15所示，操作时要注意：

- 管转弯时，弯曲半径要大，便于穿线。
- 管内穿线不宜太多，要留有50%以上的空间。

图4-15 PVC管暗敷

四、塑料槽的铺设

塑料槽的规格有多种，在项目三中已有介绍，这里就不再赘述了。塑料槽的铺设类似金属槽，但操作上还有所不同。具体表现为3种方式：

- 在天花板吊顶打吊杆或托式桥架。
- 在天花板吊顶外采用托架桥架铺设。
- 在天花板吊顶外采用托架加配定槽铺设。

采用托架时，一般在1 m左右安装一个托架。固定槽时一般1 m左右安装固定点。固定点是指把槽固定的地方，根据槽的大小建议：

- 25×20~25×30规格的槽，一个固定点应有2~3个固定螺钉，并水平排列。
- 25×30以上的规格槽，一个固定点应有3~4固定螺钉，呈梯形状，使槽受力点分散分布。
- 除了固定点外应每隔1 m左右钻2个孔，用双绞线穿入，待布线结束后，把所布的双绞线捆扎起来。

水平干线、垂直干线布槽的方法是一样的，差别在于一个是横布槽，一个是竖布槽。
在水平干线与工作区交接处不易施工时，可采用金属软管（蛇皮管）或塑料软管连接。

五、施工安全要求

参加施工的人员应遵守以下几点：

① 穿着合适的工装。穿着合适的工装可以保证工作中的安全，一般情况下，工装裤、衬衫和夹克就够用了。除了这些服装之外，在某些操作中，还需要安全眼镜、安全帽、安全手套及劳保鞋，如图4-16所示。

图 4-16　安全着装

> **小提示**
>
> - 在操作中要始终配戴眼镜，因为在诸如对铜缆进行端接或接续时，铜线有可能会突然弹出来，会伤及眼睛。
> - 在端接或接续光纤时，也应佩戴眼镜。安全眼镜要经过检验，以防碰撞时爆裂。
> - 在有危险的地方要始终戴着安全帽。例如，在生产车间，在梯子高处工作，在你头顶上方工作的人都可能给你带来危险。在许多情况下，在新的建筑工地，会看到要求在工地上佩戴安全帽的提示性警告。
> - 安装或操作时，手套可以保护你的手。例如，当在楼内拉缆时，或擦拭带螺纹的线杆时都可能会碰到金属刺，这时手套会保护你的手。通常，应该穿劳保鞋来保护脚踝。在有重物可能落下的区域，要求穿鞋尖有护钢的鞋。

② 使用安全的工具。
③ 保证工作区的安全。
④ 制定施工安全措施。

任务实现

利用模拟墙完成管路和槽通的施工。

一、金属槽安装施工

① 工具及材料准备

工具：电工工具、电动切割机、电钻、流动配电箱、水平仪、绝缘表、万用表、高凳、梯子、卷尺、油性笔等。

材料：金属槽、连接片、自攻螺钉、接地线。

② 勘测现场，测量所需要的金属槽长度，如图 4-17 所示。

③ 在金属槽上标记好长度，做好切割准备，如图 4-18 至图 4-20 所示。

图 4-17 墙面测量

图 4-18 标记金属槽

图 4-19 标记水平割位置

图 4-20 在金属槽上标记需要切割的地方

④ 进行金属槽切割，如图 4-21 所示。
⑤ 在金属槽标记好安装螺丝的位置并用电钻进行钻孔，如图 4-22 所示。

图 4-21 切割金属槽

图 4-22 在金属槽上钻孔

⑥ 将金属槽安装到墙面，线槽每隔 50 cm 要安装固定镙钉。操作如图 4-23 至图 4-25 所示。

图 4-23 安装垂直线槽

图 4-24 用螺丝将线槽固定在墙面上

图 4-25 安装水平金属槽

⑦ 最终安装效果如图 4-26 所示。

图 4-26 金属槽安装后的效果

⑧ 在金属线槽接驳位置利用铜缆，安装好跨接地线，效果如图 4-27 所示。

图 4-27 线槽接地效果

二、PVC 线槽安装施工

① 工具及材料准备。

工具：卷尺、角尺、油性笔、线槽剪、锯子、水平尺、螺丝刀。

材料：PVC 线槽、阴角、阳角、直转角、平三通、终端头、螺钉。

② 确定的安装位置，丈量距离，如图 4-28 所示。

③ 使用角尺和油性笔在线槽上对应的位置绘制水平直角，如图 4-29 所示。

④ 根据绘制好的线条，使用线槽剪裁出水平直角，如图 4-30 所示。

⑤ 将已经裁剪好直角的线槽，弯曲成型，效果如图 4-31 所示。

项目四 综合布线工程施工

图 4-28 丈量距离

图 4-29 绘制阴角

图 4-30 裁剪线槽阴角步骤

图 4-31 水平直角成型

⑥ 根据现场环境，分别对线槽进行外角成型、内角成型制作，效果如图 4-32 和图 4-33 所示。

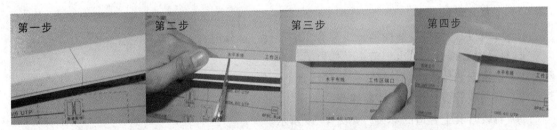

图 4-32 外角成型的制作过程

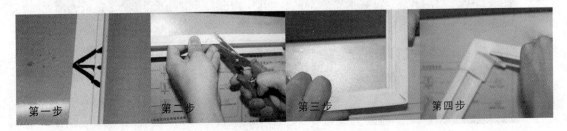

图 4-33 内角成型的制作过程

⑦ 把制好的线槽整体安装在模拟墙上。安装过程中注意螺钉要对准线槽的正中部，每隔 1 m 固定一个螺钉，如图 4-34 所示。

⑧ 使用水平尺检测安装的线槽是否达到"横平竖直"的标准。如有偏差，适当调整高度，使其达标，如图 4-35 和图 4-36 所示，最终效果如图 4-37 所示。

图 4-34 线槽安装上墙

图 4-35 测量是否"横平"

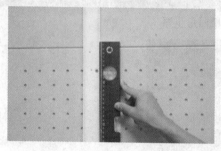

图 4-36 测量是否"竖直"

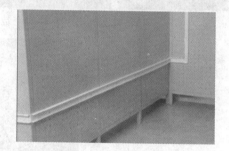

图 4-37 PVC 线槽安装效果

三、PVC 线管安装施工

① 工具及材料准备。

工具：卷尺、角尺、油性笔、线管剪、水平尺、螺丝刀。

材料：PVC 线管、管卡、弯头、螺钉。

② 确定安装位置，丈量尺寸，并在线管上做好标记。

③ 利用线管剪在标记位截断线管，如图 4-38 所示。

④ 将线管套上合适的弯头，如图 4-39 所示。

图 4-38 截断线管

图 4-39 套上弯头

⑤ 需要自制弯角的地方，使用弯管器自制弯角，如图4-40所示。

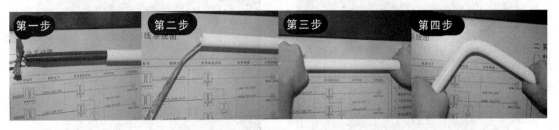

图4-40 弯管成型的制作过程

⑥ 将管卡安装在实训墙所测定的位置，相邻管卡间隔0.7m，如图4-41和图4-42所示。

 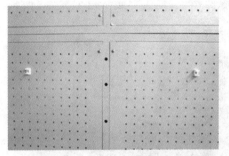

图4-41 安装管卡　　　　　图4-42 两管卡距离

⑦ 将线管固定在墙上的管卡中，如图4-43所示。

⑧ 使用水平尺检测线管是否达到"横平竖直"的标准。如有偏差，适当调整管卡的方向，使之达标。完成效果如图4-44所示。

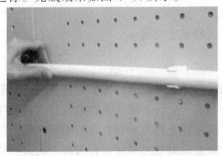 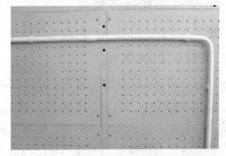

图4-43 线管上墙　　　　　图4-44 完成效果

四、底盒的安装

① 工具及材料准备。

工具：油性笔、水平尺、螺丝刀。

材料：底盒、面板、螺钉。

② 测量并定位好安装位置，将底盒安装在模拟实训墙上，保证4个角的螺钉拧紧，底盒保持横平竖直，如图4-45和图4-46所示。

③ 在线槽上标识需要开口的位置，如图4-47所示。

④ 裁剪好线槽，最终安装效果如图4-48所示。

图 4-45　底盒安装

图 4-46　底盒水平安装

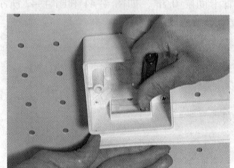
图 4-47　在线槽上标记开口位

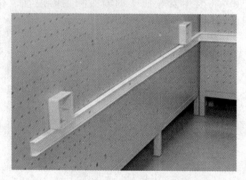
图 4-48　底盒安装后的效果

知识链接

一、管槽系统技术要点

管槽系统是综合布线系统的缆线敷设及设备安装的必要设施。

1. 管槽系统设计要求

在新建或扩建的智能化建筑中，综合布线的线缆的敷设及设备的安装方式应采取暗敷管路槽道（包括在桥架上）和设备箱底（底座）或盒体暗装方式，不宜采取明敷管路槽道和明装箱体方式，以免影响内部环境的美观。原有建筑改造成智能化建筑时，在工程中要尽可能创造条件对管槽系统进行暗敷，只有在不得已的情况下，才允许对管槽系统进行明敷。同时，管槽系统的规格尺寸和数量要依据建筑终期需要从整体和长期上考虑。

它们的走向、路由、位置、管径和槽道的规格以及与设备间、交换间等连接，都要从整体和系统的角度来进行考虑。此外，对于引入管路与公用通信网的地下管路的连接，也要互相衔接、配合协调，不应产生脱节和矛盾现象。

在管路、槽道和桥架施工过程中，必须与建筑设计和施工各有关单位加强联系，必要时请各方派人到现场进行协商，共同研究，解决施工中的疑难问题，以影响工程进度及工程质量。

2. 金属管的切割套丝

在配管时，根据实际需要长度，对管子进行切割。管子的切割可使用钢锯、管子切割刀或电动切管机，严禁用气割。管子和管子连接，管子和接线盒、配线箱的连接，都需要在管子端部进行套丝。

套丝时，先将管子在管钳上固定压紧，然后再套丝。套完后应立即清扫管口，将管口端面和内壁的毛刺锉光，使管口保持光滑。

3．金属管的连接

金属管连接应牢靠，密封应良好，两管口应对准。套接的短套管或带螺纹的管接头的长度，不应小于金属管外径的 2.2 倍。金属管的连接采用短套接时，施工简单方便；采用管接头螺纹连接则较美观，可保证金属管连接后的强度。金属管进入信息插座的接线盒后，暗埋管可用焊接固定，管口进入盒内露出的长度应小于 5 mm。明设管应用锁紧螺母或带丝扣管帽固定，露出锁紧螺母的丝扣为 2～4 扣。

二、管槽系统施工要求

1．管路的安装要求

（1）预埋暗敷管路应采用直线管道为好，尽量不采用弯曲管道，直线管道超过 30 m 还需延长距离时，应置暗线箱等装置，以利于牵引敷设电缆时使用。如必须采用弯曲管道时，要求每隔 15 m 设置暗线箱等装置。

（2）暗敷管路如必须转弯时，其转弯角度应大于 90°。暗敷管路曲率半径不应小于该管路外径的 6 倍。要求每根暗敷管路在整个路由上需要转弯的次数不得多于 2 个，暗敷管路的弯曲处不应有折皱、凹穴和裂缝，更不能出现 S 形管和 U 形管。

（3）明敷管路应排列整齐，横平竖直，且要求管路每个固定点（或支撑点）的间隔均匀。

（4）要求在管路中放有牵引线或拉绳以便牵引线缆。

（5）在管路的两端应设有标志，其内容包含序号、长度等，应与所布设的线缆对应，以使布线施工中不容易发生错误。

2．桥架和槽道的安装要求

（1）桥架及槽道的安装位置应符合施工图规定，左右偏差不应超过 50 mm；

（2）桥架及槽道水平度每平方米偏差不应超过 2 mm；

（3）垂直桥架及槽道应与地面保持垂直，并无倾斜现象，垂直度偏差不应超过 3 mm；

（4）两槽道拼接处水平偏差不应超过 2mm；

（5）线槽转弯半径不应小于其槽内的线缆最小允许弯曲半径的最大值。

（6）吊顶安装应保持垂直，整齐牢固，无歪斜现象；

（7）金属桥架及槽道节与节间应接触良好，安装牢固；

（8）管道内应无阻挡，道口应无毛刺，并安置牵引线或拉线；

（9）为了实现良好的屏蔽效果，金属桥架和槽道接地体应符合设计要求，并保持良好的电气连接。

桥架安装效果如图 4-49 所示。

图 4-49　线槽安装效果

三、建筑物内主干布线的管槽施工

1. 引入管路

智能化建筑与外界联系的通信线路，通常是与公用通信网连接，并由屋外引入房屋建筑内部。引入管路是指从室外地下通信工程电缆管道，经过一段地下埋设后进入建筑物，由建筑物外墙穿到室内的管路。综合布线系统引入建筑物内的管路部分通常采用暗敷方式。

综合布线系统建筑物引入口的位置和方式，需要城建规划和电信部门确定，还应留有扩展余地。对于入口钢管，要采用防腐和防水措施；钢管穿过墙基后应延伸到未扰动的地段，以防出现应力；预埋钢管应由建筑物向外倾斜，坡度不小于0.4%；在两个牵引点之间不得有两处以上90°拐弯；综合布线线缆不得在电力线或电力装置检修孔中进行接续或端接。

2. 上升管路（槽道）

建筑物主干布线子系统是安防工程建设及智能化建筑中的综合布线系统的神经中枢和骨干线路。建筑物主干布线子系统包括建筑物配线架、建筑物主干电缆和建筑物主干光缆等设备和器材。其主干电缆和主干光缆从智能化建筑的低层向上垂直敷设到顶层，形成垂直的主干布线系统。主干电缆或主干光缆大都采取在上升管路（或槽道）、电缆竖井和上升房等设施中敷设。

（1）上升管路

上升管路是综合布线系统的建筑物垂直干线子系统线缆的专用设施，既要与各个楼层的楼层配线（或楼层配线接续设备）互相配合连接，又要与各楼层管路相互衔接。

上升管路的装设位置一般选择在综合布线系统线缆较集中的地方，宜在较隐蔽角落的公用部位（如走廊、楼梯间或电梯厅等附近地方），各个楼层的同一地点设置；不得在办公室或客房等房间内设置，更不宜过于邻近垃圾道、燃气管、热力管和排水管以及易爆易燃的场所，以免造成危害和干扰等后患。

为了保证楼层平面面积较大的高层建筑的通信安全、便于水平布线敷设，减少通信线路的长度和工程建筑投资，可以在楼层的适当位置增加一个上升管路（或槽道），从而形成两个上升管路（槽道），以利建筑物主干电缆或光缆具有两个上升的通道，做到互相备用。

（2）电缆竖井

电缆竖井有时简称竖井，它是智能化建筑中的重要设施。电缆竖井有专用和合用两种使用方式。综合布线系统中的建筑物主干布线子系统的主干电缆或光缆，一般在专用于弱电线路的电缆竖井中敷设较为有利。

综合布线系统的主干线路在竖井中一般有以下几种安装方式：

- 电缆或光缆条数很少的综合布线系统，可将上升的主干电缆或光缆直接固定在竖井的墙上。
- 中型的综合布线系统一般是在竖井内墙壁上设置上升管路。
- 较大的综合布线系统，是在竖井墙上装设走线架，上升电缆或光缆在走线架上绑扎固定。在要求较高的智能化建筑的竖井中，需要安装特制的封闭式槽道，以保证线缆安全。

（3）上升房

在大型智能化建筑中常设有自上而下形成通道的专用房间，以便综合布线系统的建筑物主干布线子系统的主干电缆或光缆垂直敷设。当专用房间内不设配线接续设备（包括楼层配线架）

时称为上升房。如设有配线接续设备（包括楼层配线架），应称为交接间或电信间，也可称为接线间、配线间或干线通道。

接线间是建筑物主干布线子系统与水平布线子系统互相连接的指定交接点。它是综合布线系统中的一个专用空间，是综合布线系统的分支线路主要环节和关键部位，其内部一般不应有其他管线进入，应作为综合布线系统的专用房间为好，有利于保证通信安全可靠和维护管理，其内部使用面积以不小于 5 m^2 为宜。

如智能化建筑的楼层平面布置因面积紧张或安排困难等因素无法满足要求时，上升房可在楼梯间、走廊或过厅等公共部位较为隐蔽处，划出一定面积来设置，但要求上升房的位置在各个楼层都一致，其面积基本相同（允许高层建筑的最高几个楼层的上升房面积可以略少），以便上下贯通，通信线路可以直接敷设和固定安装，既节省通信线路工程投资，又便于日常维护检修。上升房应有单独门户，为保证设备安全和便于管理，应有加锁措施。此外，我国防火工程有关建设标准规定，上下楼层贯通的洞孔和缆线穿越处等地方都应有切实有效的防火措施。

3. 楼层管路

楼层管路即为综合布线系统中的水平布线子系统，分布到智能化建筑中各个楼层的各个部分，几乎覆盖建筑中各个楼层的整个面积，是综合布线系统中最为烦琐复杂，但非常重要的支线部分。

四、线槽支撑保护要求

1. 预埋金属线槽支撑保护要求

（1）在建筑物中预埋线槽可为不同的尺寸，按一层或两层设置，应至少预埋两根以上，线槽截面高度不宜超过 25 mm。

（2）线槽直埋长度超过 15 m 或在线槽路由交叉、转弯时宜设置拉线盒，以便布放线缆盒时维护。

（3）拉线盒盖应能开启，并与地面齐平，盒盖处应能开启，并采取防水措施。

（4）线槽宜采用金属管引入分线盒内。

2. 线槽支撑保护的要求

（1）水平敷设时，支撑间距一般为 1.5~3 m，垂直敷设时固定在建筑物构体上的间距宜小于 2 m。

（2）金属线槽敷设时，下列情况设置支架或吊架：线缆接头处、间距 3 m、离开线槽两端口 0.5 m 处、线槽走向改变或转弯处。

（3）在活动地板下敷设线缆时，活动地板内净空不应小于 150 mm。如果活动地板内作为通风系统的风道使用时，地板内净高不应小于 300 mm。

（4）在工作区的信息点位置和线缆敷设方式未定的情况下，或在工作区采用地毯下布放线缆时，在工作区宜设置交接箱。

3. 干线子系统线缆敷设支撑保护的要求

（1）线缆不得布放在电梯或管道竖井内。

（2）干线通道间应畅通。

（3）弱电间中线缆穿过每层楼板孔洞宜为方形或圆形。
（4）建筑群子系统线缆敷设支撑保护应符合设计要求。

<h1 style="text-align:center">实　　训</h1>

本次实训采用容易安装的 PVC 槽，该材料在综合布线中大量使用，熟练掌握 PVC 槽的施工方法，将有助于工程的施工速度。本次实训锻炼动手能力和规划能力。

（1）实训材料准备：PVC 线槽、阴角、阳角、直转角、平三通、终端头、螺钉、管卡。
（2）实训工具准备：卷尺、角尺、油性笔、线槽剪、锯子、水平尺、螺丝刀。
（3）步骤如下：
① 按照 "任务实现" —— PVC 线槽安装施工实施。
② 填写任务二实训记录表和任务二实训评价表，见表 4-1 和表 4-2。

表 4-1　任务二实训记录表

过程检查	是 或 否
安全实训是否已熟悉	
准备实验环境	
是否按照操作步骤进行操作	
清理实验环境	

 提　示

如无模拟墙也可用三合板替代。

表 4-2　任务二实训评价表

	评 价 项 目	自己评价	同学评价	老师评价
职业能力	是否熟知安全实验规则			
	是否熟悉 PVC 槽规格			
	是否熟悉 PVC 槽各种接头			
	是否熟悉 PVC 槽的切割			
	是否掌握弯管器的使用			
	安装后的 PVC 槽是否 "横平竖直"			
通用能力	观察能力			
	动手能力			
	自我提高能力			
	创新能力			
综合评价				

任务三 双绞线线缆布放施工

任务描述

当完成综合布线系统管槽系统安装后,即进入线缆布放施工。线缆布放的主要技术包括:水平布线技术、主干布线技术和光缆布线技术。综合布线系统的水平干线系统一般是采用双绞线电缆作为传输介质的,垂直干线子系统则根据传输距离和用户需求选用双绞线或光缆作为传输介质。由于双绞线电缆和光缆结构不同,施工的方法也不同。

预备知识

一、双绞线电缆布放的一般要求

(1)线缆布放前应核对规格、程序、路由及位置是否与设计规定相符合。

(2)布放的线缆应平直,不得产生扭绞、打圈等现象,不应受到外力挤压和损伤。

(3)在布放前,线缆两端应贴有标签,标明起始和终端位置以及信息点的标号,标签书写应清晰、端正和正确。

(4)信号电缆、电源线、双绞线缆、光缆及建筑物内其他弱电线缆应分离布放。

(5)布放线缆应有冗余,在二级交接间、设备间双绞电缆预留长度一般为3~6 m,工作区为0.3~0.6 m,特殊要求的应按设计要求预留。

(6)布放线缆,在牵引过程中吊挂线缆的支点相隔间距不应大于1.5 m。

(7)线缆布放过程中为避免受力和扭曲,应制作合格的牵引端头。如果采用机械牵引,应根据线缆布放环境、牵引的长度、牵引张力等因素,选用集中牵引或分散牵引等方式。

二、线缆牵引

1. 牵引4对双绞线电缆

主要方法:使用电工胶布将多根双绞线电缆与拉绳绑紧,使用拉绳均匀用力缓慢牵引电缆。

方法一
操作步骤如下:
① 将多根双绞线电缆的末端缠绕在电工胶布上,如图4-50所示。

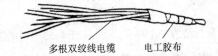

图4-50 用电工胶布缠绕多根双绞线电缆的末端

② 在电缆缠绕端绑扎好拉绳,然后牵引拉绳,如图4-51所示。

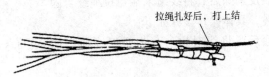

图4-51 将双绞线电缆与拉绳绑扎固定

方法二

操作步骤如下：

① 剥除双绞线电缆的外表皮，并整理为两扎裸露金属导线，如图 4-52 所示。

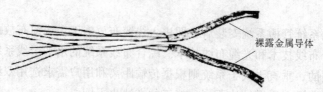

图 4-52　剥除电缆外表皮得到裸露金属导线

② 将金属导体编织成一个环，拉绳绑扎在金属环上，然后牵引拉绳，如图 4-53 所示。

图 4-53　编织成金属环以供拉绳牵引

2. 牵引单根 25 对双绞线电缆

主要方法：将电缆末端编制成一个环，然后绑扎好拉绳后，牵引电缆，具体的操作步骤如下：

① 将电缆末端与电缆自身打结成一个闭合的环，如图 4-54 所示。

② 用电工胶布加固以形成一个坚固的环，如图 4-55 所示。

图 4-54　电缆末端与电缆自身打结为一个环　　图 4-55　用电工胶布加固形成坚固的环

③ 在缆环上固定好拉绳，用拉绳牵引电缆，如图 4-56 所示。

3. 牵引多根 25 对双绞线电缆或更多线对的电缆

主要方法：将线缆外表皮剥除后，将线缆末端与拉绳绞合固定，然后通过拉绳牵引电缆，具体操作步骤如下：

① 将线缆外皮表剥除后，将线对均匀分为两组线缆，如图 4-57 所示。

② 将两组线缆交叉穿过接线环，如图 4-58 所示。

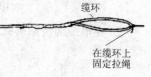

图 4-56　在缆环上固定好拉绳

图 4-57　将电缆分为两组线缆

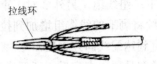
图 4-58　两组线缆交叉穿过接线环

③ 将两组线缆缠纽在自身电缆上，加固与接线环的连接，如图 4-59 所示。

④ 在线缆缠纽部分紧密缠绕多层电工胶布，以进一步加固电缆与接线环的连接，如图 4-60 所示。

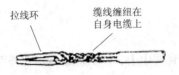
图 4-59　缆线缠纽在自身电缆上

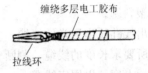
图 4-60　在电缆缠纽部分紧密缠绕电工胶布

任务实现

管道布线是在浇筑混凝土时把管道预埋在地板中，管道内有牵引电缆线的钢丝或铁丝，施工时只需通过管道图纸了解地板管道，就可做出施工方案。对于没有预埋管道的新建筑物，布线施工可以与建筑物装潢同步进行，这样便于布线，又不影响建筑的美观。管道一般从配线间埋到信息插座安装孔，施工时只要将双绞线固定在信息插座的接线端，从管道的另一端牵引拉线就可将线缆引到配线间。

1. 吊顶内布线

步骤如下：

① 索取施工图纸，确定布线路由。

② 沿着所设计的路由（即在电缆桥架槽体内），打开吊顶，用双手推开每块镶板；

③ 将多个线缆箱并排放在一起，并使出线口向上。

④ 加标注，纸箱上可直接写标注，线缆的标注写在线缆末端，贴上标签。

⑤ 将合适长度的牵引线连接到一个带卷上。

⑥ 从离配线间最远的一端开始，将线缆的末端（捆在一起）沿着电缆桥架牵引经过吊顶走廊的末端。

⑦ 移动梯子将拉线投向吊顶的下一孔，直到绳子到达走廊的末端。

⑧ 将每两个箱子中的线缆拉出形成"对"，用胶带捆扎好。

⑨ 将拉绳穿过 3 个用带子缠绕好的线缆对，绳子结成一个环，再用带子将 3 对线缆与绳子捆紧。

⑩ 回到拉绳的另一端，人工牵引拉绳。所有的 6 条线缆（3 对）将自动从线箱中拉出并经过电缆桥架牵引到配线间。

⑪ 对下一组线缆（另外 3 对）重复第⑧步的操作；

⑫ 继续将剩下的线缆组增加到拉绳上，每次牵引它们向前，直到走廊末端，再继续牵引这些线缆一直到达配线间连接处。

当线缆在吊顶内布完后，还要通过墙壁或墙柱的管道将线缆向下引至信息插座安装孔。将双绞线用胶带缠绕成紧密的一组，将其末端送入预埋在墙壁中的 PVC 圆管内，并把它往下压，直到在插座孔处露出 25~30 mm 即可。

2．线槽内布线

步骤如下：

（1）从线缆箱中拉线
- 除去塑料塞；
- 通过出线孔拉出数米的线缆；
- 拉出所要求长度的线缆，割断它，将线缆滑回到槽中去，留数厘米伸出在外面；
- 重新插上塞子以固定线缆。

（2）线缆处理（剥线）
- 使用斜口钳在塑料外衣上切开"1"字形长的缝；
- 找出尼龙的扯绳；
- 将电缆紧握在一只手中，用尖嘴钳夹紧尼龙扯绳的一端，并把它从线缆的一端拉开，拉的长度根据需要而定；
- 割去无用的电缆外衣。

知识链接

一、线缆布放的一般要求

（1）线缆布放前应核对规格、程序、路由及位置是否与设计规定相符合；

（2）布放的线缆应平直，不得产生扭绞、打圈等现象，不应受到外力挤压和损伤；

（3）在布放前，线缆两端应贴有标签，标明起始和终端位置以及信息点的标号，标签书写应清晰、端正和正确；

（4）信号电缆、电源线、双绞线缆、光缆及建筑物内其他弱电线缆应分离布放。

（5）布放线缆应有冗余。在二级交接间、设备间双绞电缆预留长度一般为 3~6 m，工作区间为 3~0.6 m。特殊要求的应按设计要求预留。

（6）布放线缆，在牵引过程中吊挂线缆的支点相隔不应大于 1.5 m。

（7）线缆布放过程中为避免受力和扭曲，应制作合格的牵引端头。如果采用机械牵引，应根据线缆布放环境、牵引的长度、牵引张力等因素选用集中牵引或分散牵引等方式。

二、拉线速度和拉力

用一条拉线将线缆牵引穿入墙壁管道、吊顶和地板管道称为线缆牵引。在施工中，应使拉线和线缆的连接点尽量平滑，所以要采用电工胶带在连接点外面紧紧地缠绕，以保证平滑和牢靠。

拉线缆的速度，从理论上讲，线的直径越小，则拉的速度越快。但是，有经验的安装者采取慢速而又平稳的拉线，而不是快速的拉线。原因是：快速拉线会造成线的缠绕或被绊住。拉力过大，线缆变形，会引起线缆传输性能下降。由于通信线缆的特殊结构，线缆在布放过程中承受的拉力不要超过线缆允许承受张力的 80%。各种情况下线缆最大允许值如下：

- 1 根 4 对双绞电缆，拉力为 100 N。
- 2 根 4 对双绞电缆，拉力为 150 N。
- 3 根 4 对双绞电缆，拉力为 200 N。
- n 根 4 对双绞电缆，拉力为（$n×5+50$）N。

不管多少根线对电缆，最大拉力不得超过 400 N，速度不宜超过 15 m/min。必要时要采用润滑剂，如图 4-61 所示。

为了端接线缆"对"，施工人员要剥去一段线缆的护套。对于在 110P 接线架上的高密度端接来说，为了易于弯曲和组装，也要剥去线缆的外皮。剥除线缆护套均不得刮伤绝缘层，应使用专用工具剥除，如图 4-62 所示。

图 4-61　润滑剂

图 4-62　剥离电缆护套专用工具

小提示

不要单独地拉和弯曲线缆"对"，而应对剥去外皮的线缆"对"一起紧紧地拉伸和弯曲。去掉电缆的外皮长度够端接用即可。对于终接在连接件上的线对应尽量保持扭绞状态，非扭绞长度 3 类线必须小于 25 mm，5 类线必须小于 13 mm，最大暴露双绞长度为 5 cm，最大线间距为 14 cm。

任务四　信息插座端接

任务描述

信息插座是综合布线的一种重要接插件，端接信息插座质量的好坏，将影响综合布线整体的质量。

预备知识

信息插座面板分为单孔和双孔，如图 4-63 和图 4-64 所示。每孔都有一个 8 位/8 路插针。这种插座的高性能、小尺寸及模块化特点，为设计综合布线提供了灵活性。它采用了标明多种不同颜色电缆所连接的终端，如图 4-65 所示，保证了快速、准确的安装。

信息模块是一种定型、构件化的端接设备，其结构示意图如图 4-66 所示。

图 4-63　单孔面板

图 4-64　双孔面板

图 4-65　不同颜色的模块

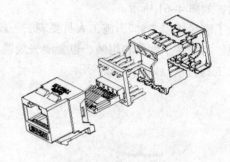
图 4-66　模块分解示意图

任务实现

一、端接超 5 类信息模块的操作步骤

（1）用剥线工具在离双绞线一端 13 mm 左右处把双绞线的外包皮剥去，如图 4-67 所示。

（2）将信息模块置入掌上防护装置中或置于硬质桌面、墙面上，如图 4-68 和图 4-69 所示。

图 4-67　按要求剥掉双绞线外包皮

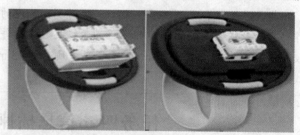
图 4-68　将信息模块置入掌上防护装置中

图 4-69　将信息模块置于硬质桌面上

（3）把剥开的 4 对双绞线芯线分开，但为了便于区分，此时最好不要拆开各芯线线对，只是在卡相应芯线时才拆开。按照信息模块上所指示的芯线颜色线序，两手平拉上一小段对应的芯线，稍稍用力将导线一一置入相应的线槽内，如图 4-70 所示。

图 4-70　将双绞线置入模块相应线槽内

（4）全部芯线都嵌入好后即可用 110 打线工具（或称卡刀，如图 4-71 所示）把一根根芯线进一步压入线槽中[也可在第（3）步操作中完成一根即用 110 打线工具压入一根，但效率低些]，确保接触良好，如图 4-72 所示。然后剪掉模块外多余的线，如图 4-73 所示。

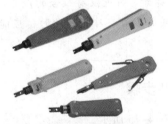

图 4-71　卡刀

图 4-72　将芯线压入模块线槽中　　　　图 4-73　剪掉模块外多余线

> **小提示**
>
> 通常情况下，信息模块上会同时标记 TIA 568-A 和 TIA 568-B 两种芯线颜色线序，应根据布线设计时的规定，与其他连接和设备采用相同的线序。

（5）将信息模块的塑料防尘片沿缺口穿入双绞线，并固定于信息模块上，如图 4-74 所示，压紧后即可完成模块的制作全过程。然后再把制作好的信息模块放入信息插座中。

（6）信息模块制作好后可以测试一下连接是否良好，此时可用万用表进行测量。把万用表的挡位设置在 ×10 的电阻挡，把万用表的一个表针与网线的另一端相应芯线接触，另一万用表笔接触信息模块上卡入相应颜色芯线的卡线槽边缘（注意不是接触芯线）。如果阻值很小，则证明信息模块连接良好，否则再用打线钳压一下相应芯线，直到通畅为止。

图 4-74　压紧塑料防尘片后效果

> **小提示**
>
> 　　110 打线工具的使用方法是：切割余线的刀口永远是朝向模块的处侧，打线工具与模块垂直插入槽位，垂直用力冲击，听到"咔嗒"一声，说明工具的凹槽已经将线芯压到位，已经嵌入金属夹子里，金属夹子并已经切入结缘皮咬合铜线芯形成通路。这里千万注意以下两点：刀口向外——若刀口向内，压入的同时也切断了本来应该连接的铜线；垂直插入——若刀口打斜，将使金属夹子的口撑开，再也没有咬合的能力，并且打线柱也会歪掉，难以修复，这个模块可就报废了。新买的刀具在冲击的同时，应能切掉多条线芯，若不行，冲击几次，并可以用手拧掉。

二、金属地面信息盒安装步骤

（1）先将地盒弹盖取下，如图 4-75 所示。

图 4-75　将地盒弹盖取下

（2）取下后地盒零件注意固定卡片朝上，将信息模块卡座及盖板卡座装上，模块厚边方向朝上，如图 4-76 所示。

图 4-76　取下后地盒零件摆放要求

（3）信息模块端接，如图 4-77 所示。
（4）将信息模块装入卡座，如图 4-78 所示。
（5）将装好的信息模块座放入卡座，锁上地盒螺钉安装完成，如图 4-79 所示。

  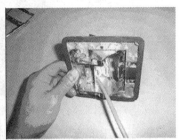

图 4-77　信息模块端接　　图 4-78　信息模块装入卡座效果　　图 4-79　锁上地盒螺丝效果

三、免打线型模块安装

材料：双绞线、免打模块，如图 4-80 所示。

 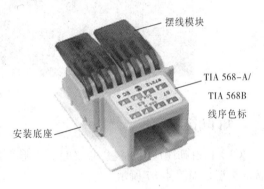

图 4-80　免打模块

工具：剥线刀，如图 4-81 所示。

免打线型模块安装步骤如下：

① 用剥线刀剥开约 4 cm 的双绞线护套并将线芯按线序理直，如图 4-82 所示。
② 按色标将线芯放进面盖相应的槽位，如图 4-83 所示。

图 4-81　剥线刀　　图 4-82　剥开护套的双绞线　　图 4-83　放入槽位

③ 剪掉多余的线芯，如图 4-84 所示。
④ 把面盖扣在模块上，如图 4-85 所示。

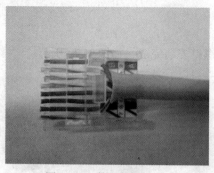 

图 4-84　剪好的双绞线　　　　　图 4-85　扣上尚未压紧的模块

⑤ 用手压下面盖。这样透明面盖就会锁紧在模块上，端接好的免打模块如图 4-86 所示。

图 4-86　端接好的免打模块

知识链接

（1）信息插座应有标签，以颜色、图形、文字表示所接终端设备的类型，如图 4-87 所示。

（2）信息插座模块化的插针与电缆连接有两种方式：按照 EIA/TIA 568B 标准布线的接线和按照 EIA/TIA 568B 标准接线，信息插座模块化插针与线对分配不同。在同一个工程中，最好只用一种连接方式。否则，就应标注清楚。

图 4-87　具有完整标识的信息插座

（3）屏蔽双绞电缆的屏蔽层与连接件端接处的屏蔽罩须可靠接触。线缆屏蔽层应与连接件屏蔽罩 360° 圆周接触，接触长度不宜小于 1 cm。

（4）信息插座没有自身的阻抗。如果连接不好，可能要增加链路衰减及近端串扰。所以，安装和维护综合布线的人员，必须先进行严格培训，掌握安装技能。

实　训　一

本实训要求掌握端接超 5 类信息模块的方法（5 类和超 5 类方法相同），该制作是综合布线工程的基础，需要熟练掌握端接方法，在平时的练习过程中，注意速度的训练，提高端接速度。

提示：实训中需要掌握 EIA/TIA 568-A 和 EIA/TIA 568-B 标准，不可以把两种标准混淆。

（1）实训材料准备：超 5 类模块一个、双绞线 40 cm 一段。
（2）实训工具准备：剥线钳、卡刀。
（3）步骤如下：
① 按照"任务实现"——端接超 5 类信息模块制作。
② 测试。
③ 填写任务四实训记录表 1，见表 4-3。

表 4-3　任务四实训记录表 1

过　程　检　查	是　或　否
准备实验环境	
是否按照操作步骤进行操作	
将双绞线接入插座之后是否检查颜色顺序	
双绞线压入线槽后目视检查双绞线是否被压入线槽底部	
测试是否通过	
清理实验环境	

实　训　二

本实训要求掌握端接超 5 类免打型模块的方法（5 类和超 5 类方法相同），该方法是综合布线工程的基础，需要熟练掌握端接方法，在平时的练习过程中，注意速度的训练，提高端接速度。

提示：实训中需要掌握 EIA/TIA 568-A 和 EIA/TIA 568-B 标准，不可以把两种标准混淆。

（1）实训材料准备：超 5 类免打型模块、双绞线 40 cm 一段。
（2）实训工具准备：剥线钳。
（3）步骤如下：
① 按照"任务实现"—— 端接超 5 类信息模块制作。
② 测试。
③ 填写任务四实训记录表 2，见表 4-4。

表 4-4　任务四实训记录表 2

过　程　检　查	是　或　否
准备实验环境	
是否按照操作步骤进行操作	
将双绞线接入插座之后是否检查颜色顺序	
双绞线压入线槽后目视检查双绞线是否被压入线槽底部	
测试是否通过	
清理实验环境	

任务四实训评价表见表 4-5。

表 4-5 任务四实训评价表

评价项目		自己评价	同学评价	老师评价
职业能力	是否准确识别模块色标			
	是否熟悉操作流程			
	是否熟悉 EIA/TIA568-A 和 EIA/TIA568-B 的标准			
	制作速度			
	熟悉测试方法			
通用能力	观察能力			
	动手能力			
	自我提高能力			
	创新能力			
综合评价				

任务五　6 类屏蔽模块和 6 类 F/UTP 双绞线的端接

任务描述

屏蔽模块是打造 360° 全程屏蔽的重要一环。在端接工艺方面因为屏蔽双绞线的不同导致端接方法不同，本任务中学习 6 类屏蔽模块和 6 类 F/UTP 双绞线的端接。

任务实现

工具准备：剥线刀、卡刀。

材料准备：6 类 F/UTP 铝箔屏蔽双绞线，如图 4-88 所示，不带十字架。

6 类屏蔽模块，如图 4-89 所示。

图 4-88　6 类屏蔽线　　　　　　图 4-89　6 类屏蔽模块

屏蔽模块端接步骤如下：

① 用钢皮尺测量双绞线的长度，用剪刀剪出指定长度。使用多余、废弃的双绞线制作两个标准长度的标尺：总长标尺（300 mm）和护套标尺（250 mm），如图 4-90 所示。

② 整理即将端接的双绞线。如果是面板端的双绞线，将盘绕在底盒内的双绞线展开，清除底盒内和双绞线上的杂物。如果是配线架端的双绞线，将穿入模块孔的双绞线从孔中抽出，从配线架上方预留给跳线管理器的空间中穿到配线机柜的正面来。

③ 自面板平面（或配线架平面）开始，使用总长标尺与所端接的双绞线比对后，用剪刀

贴住标尺外边沿剪断所端接的双绞线，如图 4-91 所示。

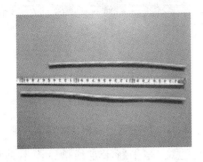

图 4-90　制作标

图 4-91　沿标尺外沿剪断端接双绞线

④ 双绞线在剪短时，往往将线头附近的线号一起剪去，为此需重新制作线号。由于端接在距线头处 50 mm 以内，因此线号应放在距线头 100 mm 以外处，通常应保留两处。由于这是正式保留的线号，因此根据标准，它应该使用能够保存 10 年以上的标签材料制作。

⑤ 自面板平面（或配线架平面）开始，使用护套标尺与所端接的双绞线比对后，用剥线根据贴总长标尺外边插入所端接的双绞线后环绕一圈，切断护套层，然后拔下被切下的护套。该位置就是双绞线与模块的交界处，如图 4-92 所示。注意：取下护套时不要损伤屏蔽层。

⑥ 在护套与铝箔绝缘层之间有一层用于保护铝箔的透明塑料薄膜，可以用剪刀平齐护套边沿横向在薄膜上剪出一个缺口，这时就可以用手将薄膜撕去，如图 4-93 所示。

图 4-92　切断并拔下护套

图 4-93　撕去透明塑料薄膜

⑦ F/UTP 屏蔽双绞线的接地导线在屏蔽层的内侧，说明铝箔屏蔽层的内侧为导电面，而外侧则会因铝箔层自带屏蔽 RJ-45 模块的端接工艺的非导电薄膜而形成非导电面。顺着双绞线的轴线方向用剪刀将裸露的屏蔽层一分为二（大致做到两边对称），再将剥去护套部分的屏蔽层向后翻转（注意：不要让铝箔产生断裂），覆盖在护套外（目的是不给电磁波沿护套层穿入屏蔽没看到电磁缝隙）。同时，将接地导线也向后翻转，缠在铝箔屏蔽层外，如图 4-94 所示。

⑧ 在铝箔绝缘层与芯线之间有一层用于保护芯线的透明塑料薄膜，它十分薄，可以在剥离后用剪刀剪去，如图 4-95 所示。

⑨ 将双绞线穿过屏蔽罩壳。在端接前，要将双绞线穿过模块的屏蔽罩壳，否则在端接完毕后屏蔽罩壳将无法套上去。因此，在双绞线在穿入时，需在端接前将双绞线从屏蔽壳体的后侧穿到前面，即应从罩壳的尾部小孔内穿入，然后从正面穿出。

图 4-94　将屏蔽层向后翻转　　　图 4-95　剪去透明塑料薄膜后的效果

⑩ 将双绞线平放在模块中间的走线槽上方（注意：是平行于走线槽，而不是垂直于走线槽），旋转双绞线，使靠近模块走线槽底的两对芯线的颜色与模块上最靠近护套的两对 IDC 色标一致（不可交叉），如图 4-96 所示。如果无法做到一致，可将模块掉转 180°后再试。

⑪ 在确定双绞线芯线位置后，将双绞线平行放如模块中间的走线槽内，其护套边沿与模块的边沿基本对齐（可略深入模块内）。

⑫ 由于靠近护套的两对打线槽与双绞线底部的两对线平行，因此可以将这两对线自然向外分，然后根据色谱用手压入打线槽内，如图 4-97 所示。注意：尽量不改变芯线原有的绞距。

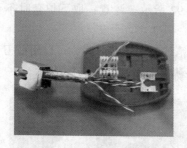 

图 4-96　将芯线与模块 IDC 色标对齐　　　图 4-97　根据色谱将线压入线槽内

⑬ 前两对线刚好在护套边，因此基本上不需要考虑绞距。这两对线将远离护套，因此需将它自然理直后，放到对应的打线槽旁（保持离开护套后的绞距不改变），然后根据色谱用手压入打线槽内。注意：如果为了保证色谱而被迫改变绞距时，应将芯线多绞一下，而不是让它散开，如图 4-98 所示。

⑭ 在芯线全部用手压入对应的打线槽后，使用 1 对打线工具（将附带的剪刀启用）将每根芯线打入模块的打线槽内，在听到"咔嚓"声后可以认为芯线已经打到位。此时，附带的剪刀将芯线的外侧多余部分自动切除，如图 4-99 所示。

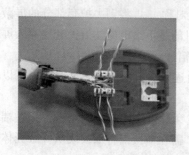 

图 4-98　根据色谱将四对线均压入打线槽内　　　图 4-99　利用打线工具对芯线进行压接和切割后效果

⑮ 在全部端接结束前，将模块的上盖中的线槽缺口对准双绞线的护套边沿，用手指压入模块，如图 4-100 所示。此时，双绞线与模块中的走线槽方向平行。

⑯ 将双绞线弯曲 90° 后从上盖中间的线槽中出线。这时，应注意从护套边沿开始折转，裸露的芯线不动，如图 4-101 所示。

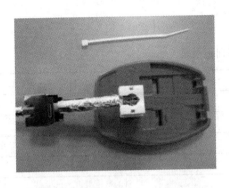

图 4-100　模块盖好上盖效果

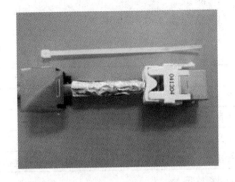

图 4-101　出线后效果

⑰ 在端接完毕后，将穿在双绞线上的屏蔽壳体前推，卡在屏蔽模块前部的凹槽中，以尽量缩小屏蔽模块四周的缝隙，如图 4-102 所示。在前推时，要注意不让护套外的铝箔屏蔽层跟着罩壳前移，保证屏蔽层的平整。

⑱ 用尼龙扎带将屏蔽双绞线固定在模块后方的"尾巴"上，如图 4-103 所示。在屏蔽壳体卡住后，屏蔽双绞线已平放在模块后部的"尾巴"上，让接地导线压在双绞线与尾部的金属片之间，将所附的尼龙扎带穿过尾巴背面的小孔后，将屏蔽双绞线与模块尾部的金属片绑扎成一体。注意：在收紧尼龙扎带时应适可而止，不要让尼龙扎带收得太紧而造成双绞线变形。

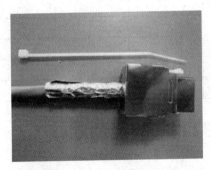

图 4-102　装好屏蔽壳体后效果

图 4-103　用尼龙扎带固定模块后效果

知识链接

实　　训

实训要求掌握端接 F/UDP 和 6 类屏蔽模块的方法（屏蔽模块的端接方法类似），该制作是综合布线工程中屏蔽的基础，需要熟练掌握端接方法，在平时的练习过程中，注意速度的训练，提高端接速度。

（1）实训材料准备：6 类屏蔽模块、F/UDP 双绞线 40 cm 一段。
（2）实训工具准备：剥线钳、卡刀。
（3）步骤如下：
① 按照任务实现——"六类屏蔽模块和六类 F/UTP 双绞线的端接"制作。
② 测试。
③ 填写表 4-6 和表 4-7。

表 4-6 任务五实训记录表

过程检查	是 或 否
准备实验环境	
是否按照操作步骤进行操作	
将双绞线接入插座之后是否检查颜色顺序	
双绞线压入线槽后目视检查双绞线是否被压入线槽底部	
铝箔是否散开	
双绞线是否解绞	
铝箔是否被包入	
清理实验环境	

表 4-7 任务五实训评价表

	评价项目	自己评价	同学评价	老师评价
职业能力	是否准确识别模块色标			
	是否熟悉操作流程			
	制作速度			
通用能力	观察能力			
	动手能力			
	自我提高能力			
	创新能力			
综合评价				

任务六 6 类屏蔽模块和 S/UTP 双绞线的端接

任务描述

屏蔽模块是打造 360°全程屏蔽的重要一环。在端接工艺方面因为屏蔽双绞线的不同导致端接方法不同，本任务中学习 6 类屏蔽模块和 S/UTP 双绞线的端接。

任务实现

工具准备：剥线刀、卡刀。

材料准备：6 类屏蔽模块，尼龙扎带 S/UTP 6 类铝箔对对屏蔽双绞线一段，去掉十字骨架，如图 4-104 所示。

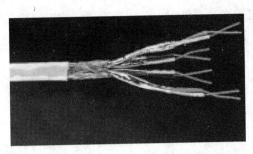

图 4-104　去掉十字骨架的 S/UTP6 类铝箔对对屏蔽双绞线

屏蔽模块端接步骤如下：

① 查看模块的结构。检查并看准模块打线色标，不能有错。模块的上盖内侧印有打线规程：568A 的色标，应该按色标施工，如图 4-105 所示。同时，应注意到有两对线需穿孔端接，另两对线压入槽内端接。

② 使用多余、废弃的双绞线制作两个标准长度的标尺：总长标尺屏蔽 RJ-45 模块的端接工艺（四）（300mm）和护套标尺（250mm）。制造方法：用钢皮尺测量双绞线的长度，用剪刀剪出指定长度，如图 4-106 所示。

图 4-105　注意模块的色标

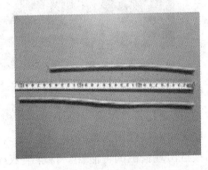

图 4-106　制作标尺

③ 整理即将端接的双绞线。如果是面板端的双绞线，将盘绕在底盒内的双绞线展开，清除底盒内和双绞线上的杂物。如果是配线架端的双绞线，将穿入模块孔的双绞线从孔中抽出，从配线架上方预留给跳线管理器的空间中穿到配线机柜的正面来。

④ 剪出端接长度，自面板平面（或配线架平面）开始，使用总长标尺与所端接的双绞线比对后，用剪刀贴总长标尺外边沿剪断所端接的双绞线，如图 4-107 所示。

⑤ 剪出护套长度，自面板平面（或配线架平面）开始，使用护套标尺与所端接的双绞线比对后，用剥线根据贴总长标尺外边插入所端接的双绞线后环绕一圈，切断护套层，然后拔下被切下的护套。该位置就是双绞线与模块的交界处了。

图 4-107　剪出端接长度

小提示

取下护套时不要伤损屏蔽层。如果一个配线架中所有的双绞线在端接后全部等长，那么就可以做出很漂亮的配线架背面造型。

⑥ 丝网屏蔽层后翻覆盖在护套外，SF/UTP 屏蔽双绞线不设接地导线（使用丝网取代），根据 EN 50174—2002 标准，铝箔可以不接地，而丝网必须接地。将屏蔽丝网向后翻转，均匀地覆盖在护套外（目的是不给电磁波沿护套层穿入屏蔽没看到电磁缝隙），如图 4-108 所示。

注意，需将所有的丝网铜丝全部翻转后覆盖在护套上，不能有任何一根铜丝留在端接点附近，以免引发信号短路。

⑦ 屏蔽层贴护套边缘剪断，S/FTP 屏蔽双绞线不设接地导线（使用丝网取代），根据 EN 50174—2002 标准，铝箔可以不接地，而丝网必须接地。在施工时，应将剥去护套部分的铝箔屏蔽层平齐护套边缘剪断，其目的是为了让带护套的双绞线能够尽可能地深入模块内。

⑧ 将双绞线平放在模块上方，旋转双绞线，使靠近模块的两对芯线（橙、棕线对）的颜色与模块上需穿孔的两对 IDC 色标一致（不可交叉）。在穿线时，应注意不让丝网"跟"入穿线孔，以免短路。然后将双绞线的护套边沿推至模块深处，尽可能靠近塑料件，如图 4-109 所示。

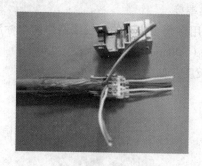

图 4-108　屏蔽丝网向后翻转的效果　　　图 4-109　端接橙、棕线对后的效果

⑨ 用尼龙扎带将屏蔽双绞线固定在模块后方的"尾巴"上。在双绞线的 4 芯线全部放到位后，应先将双绞线固定在模块上盖后，再完成剩余的端接工作，以免因双绞线固定时用力而造成端接点出现松散的可能性。将屏蔽双绞线平放在模块后部的"尾巴"上，确保所有的丝网已平滑地经过尼龙扎带向后散去。

 小提示

在收紧尼龙扎带时应适可而止，不要让尼龙扎带收得太紧而造成双绞线变形。在绑扎时，应注意调整扎带的锁扣位置，使所有模块的锁扣位置相同，以保证工程的美观。绑扎完毕时，剪去多余的尼龙扎带。

⑩ 将剩余的两对线（蓝、绿线对）按颜色标记分别放入模块上对应的槽口内。在压入时，应注意不要让丝网"跟"进线槽中。

使用剪刀将压在线槽中的 4 芯线贴着塑料件边缘逐一剪断。剪线时，应使用刀尖进行，不要伤到下方的双绞线和塑料件。同时，应注意不要让丝网进入尼龙扎带前方的模块区域。剪去橙、棕线对中多余的芯线，使用剪刀将穿入孔中的 4 芯线贴着塑料件边缘逐一剪断。剪线时，应使用刀尖进行，不要伤到上盖中的塑料件。同时，应注意不要让丝网进入尼龙扎带前方的模块区域，如图 4-110 所示。

⑪ 将模块上盖放在模块的上方，将上盖对齐模块的缺口，轻轻用力，使上盖能够沿边沿进

入缺口，如图 4-111 所示。在调整时，应注意不要碰到绑扎双绞线的尼龙扎带，也不要让尾部的丝网残留在模块内，以免引起短路。

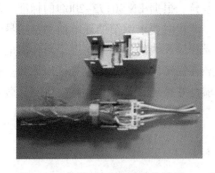
图 4-110　端接 4 线对后的效果

图 4-111　盖上模块上盖后的效果

⑫ 用两只手指（通常是拇指和手指）将上盖压入模块，由于模块两边各有一个销孔，因此手指施加的压力应平衡，从而保证上盖平行地被压入模块。当听到"咔嚓"声响时，上盖已经被压入模块。此时，模块内的端接结束，从外表看，上盖已经与模块严丝合缝，如图 4-112 所示。如果手指的力量不够，可以购买专用的 MS 压线工具，也可以在市场上购买水泵钳后在头部上下唇分别用黑胶布包几圈，以免损伤模块表面。注意：不可使用老虎钳或斜口钳，以免损伤屏蔽模块的表面。

⑬ 在端接完成后，剪去模块尾部多余的丝网，以免这些铜丝造成其他模块中的信号短路。在面板端，将模块卡入面板的相应卡口内，然后将面板装在底盒上，如图 4-113 所示。

图 4-112　上盖完全压实后效果

图 4-113　端接完成的模块

知识链接

一、屏蔽双绞线的种类

（1）F/UTP（铝箔总屏蔽双绞线，常见于超 5 类屏蔽双绞线中，其目的是减弱双绞线芯线与外部电磁场之间的相互作用）；

（2）U/FTP（铝箔线对屏蔽双绞线，常见于 6 类屏蔽双绞线中，其目的是取得比 F/UTP 更好的屏蔽效果，同时获得比十字骨架更好的抗线对间电磁干扰的效果以保证每个线对可以独立使用）；

（3）SF/UTP（铝箔+丝网总屏蔽双绞线，也称双重屏蔽双绞线。常见于超 5 类和 6 类屏蔽双绞线中。其目的是用两种方式共同减弱芯线与外部电磁场之间的相互作用）；

（4）S/FTP（丝网总屏蔽+铝箔线对屏蔽双绞线，常见于 6A 类和 7 类屏蔽双绞线中。其目的是在获得与外部电磁场的之间最佳的屏蔽效果外，同时获得线对之间的抗电磁干扰效果，以保证每个线对可以独立使用）。

针对这4类屏蔽双绞线，其端接施工工艺略有差异。根据 EN 50173-2002 的标准，其核心在于：仅有铝箔的屏蔽双绞线，其中必有接地导线。端接时要求铝箔的导电面和接地导线均要与屏蔽模块的屏蔽层良好接触，并且在屏蔽模块与屏蔽双绞线的连接处附近不留任何电磁波可以侵入的缝隙；对于具有丝网的屏蔽双绞线，其中必有铝箔屏蔽层，但没有接地导线。端接时要求铝箔屏蔽层可以不直接接地，但丝网屏蔽层要求良好接地，并且在屏蔽模块与屏蔽双绞线的连接处附近不留任何电磁波可以侵入的缝隙。

二、双绞线 XX/X TP 分别有什么含义

左边的 XX 代表总屏蔽状况：
- U 代表非屏蔽；
- F 代表金属箔屏蔽；
- SF 代表金属编织网+金属箔屏蔽。

中间的 X 代表线对屏蔽状况：
- U 代表非屏蔽；
- F 代表金属箔屏蔽。

最右边的 TP 代表平衡单元：
- TP 代表对绞。

实　　训

实训要求掌握端接六类屏蔽模块的方法，该制作是综合布线工程中屏蔽的基础，需要熟练掌握端接方法，在平时的练习过程中，注意速度的训练，提高端接速度。

（1）实训材料准备：超5类免打型模块、双绞线40 cm 一段。
（2）实训工具准备：剥线钳、卡刀。
（3）步骤如下：
① 按照"任务实现"——端接超5类信息模块制作。
② 测试。
③ 填写任务六实训记录表和任务六实训评价表见表4-8和表4-9。

表4-8　任务六实训记录表

过程检查	是 或 否
准备实验环境	
是否按照操作步骤进行操作	
将双绞线接入插座后是否检查颜色顺序	
双绞线压入线槽后目视检查双绞线是否被压入线槽底部	
丝网是否进入模块	
双绞线是否解绞	
清理实验环境	

表 4-9 任务六实训评价表

评价项目		自己评价	同学评价	老师评价
职业能力	是否准确识别模块色标			
	是否熟悉操作流程			
	制作速度			
通用能力	观察能力			
	动手能力			
	自我提高能力			
	创新能力			
综合评价				

任务七 配线架安装

任务描述

配线架是管理子系统中最重要的组件，是实现垂直干线和水平布线两个子系统交叉连接的枢纽。配线架通常安装在机柜或墙上。通过安装附件，配线架可以满足 UTP、STP、同轴电缆、光纤、音视频的需要。在网络工程中常用的配线架有双绞线配线架和光纤配线架。双绞线配线架的作用是在管理子系统中将双绞线进行交叉连接，用在主配线间和各分配线间。光纤配线架的作用是在管理子系统中将光缆进行连接，通常在主配线间和各分配线间。

任务实现

材料：5 类、5e 类双绞线若干米、24 口模块化配线架如图 4-114 至图 4-116 所示。
工具：卡刀、剥线钳。

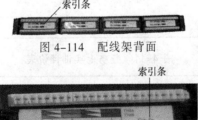

图 4-114 配线架背面

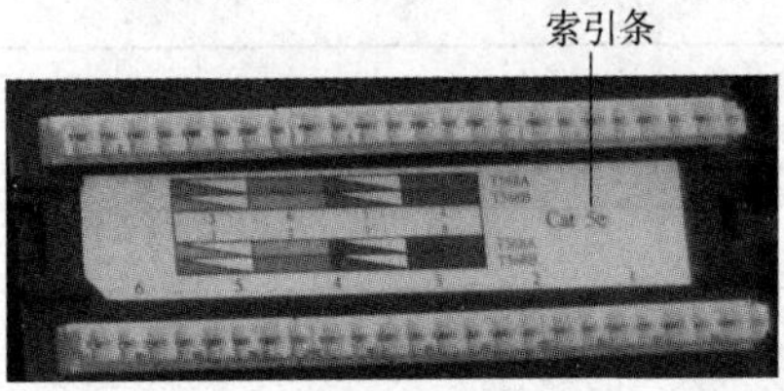

图 4-115 配线架背面（注意索引条的颜色顺序）

图 4-116 配线架正面

配线架安装操作步骤如下:

① 切去线缆所需长度的外皮,以便进行线对的端接。

② 开始把线对按顺序依次放到配线架背面的索引条中。

③ 用手指将线对轻压到索引条的夹中,使用卡刀将线对压入配线模块并将伸出的导线头切断,如图 4-117 所示。

图 4-117 卡刀插入配线架的模块

④ 将标签插到配线模块中,以标示此区域。

实　　训

实训要求掌握安装端接配线架的方法,该制作是综合布线工程中屏蔽的基础,需要熟练掌握端接方法,在平时的练习过程中,注意速度的训练,提高端接质量。

(1)实训材料准备:配线架一个、双绞线若干段。

(2)实训工具准备:剥线钳,卡刀。

(3)步骤如下:

① 按照任务实现——"配线架安装"制作。

② 填写表 4-10 和表 4-11。

表 4-10　任务七实训记录表

过程检查	是 或 否
准备实验环境	
是否按照操作步骤进行操作	
将双绞线接入插座之前是否检查颜色顺序	
双绞线压入线槽后目视检查双绞线是否被压入线槽底部	
双绞线解绞长度是否超出 30 mm	
清理实验环境	

表 4-11　任务七实训评价表

评价项目		自己评价	同学评价	老师评价
职业能力	是否准确识别模块色标			
	是否熟悉操作流程			
	制作速度			
通用能力	观察能力			
	动手能力			
	自我提高能力			
	创新能力			
综合评价				

任务八 光纤传输通道施工

任务描述

利用光信号在光纤中传输，可以有效提高链路的传输速率。光信号需要在一个完整而可靠的光纤通道中才能有效地进行传输，如何制作并保证一条高质量的光纤传输通道则是每一位综合布线从业人员从事光纤布线操作时必须要掌握的一项基本技能。

预备知识

在进行光纤接续或制作光纤连接器时，施工人员必须戴上眼镜和手套，穿上工作服，保持环境洁净。不允许观看已通电的光源、光纤及其连接器，更不允许用光学仪器观看已通电的光纤传输通道器件；只有在断开所有光源的情况下，才能对光纤传输系统进行维护操作。

任务实现

一、施工准备

1. 光缆的检验要求

工程所用的光缆规格、型号、数量应符合设计的规定和合同要求；光纤所附标记、标签内容应齐全和清晰；光缆外护套须完整无损，光缆应有出厂质量检验合格证；光缆开盘后，应先检查光缆外观无损伤，光缆端头封装是否良好；光纤跳线检验应符合下列规定：具有经过防火处理的光纤保护包皮，两端的活动连接器端面应装配有合适的保护盖帽；每根光纤接插线的光纤类型应有明显的标记应符合设计要求。

2. 配线设备的使用应符合的规定

光缆交接设备的型号、规格应符合设计要求；光缆交接设备的编排及标记名称应与设计相符。各类标记名称应统一，标记位置应正确、清晰。

二、光缆布线的要求

布放光缆应平直，不得产生扭绞、打圈等现象，不应受到外力挤压和损伤。光缆布放前，其两端应贴有标签，以表明起始和终端位置。标签应书写清晰、端正和正确。最好以直线方式敷设光缆。如有拐弯，光缆的弯曲半径在静止状态时至少应为光缆外径的10倍，在施工过程中至少应为20倍。

三、光缆布放

以下分两种情况进行介绍：

1. 通过弱电井垂直敷设

在弱电井中敷设光缆有两种选择：向上牵引和向下垂放。通常向下垂放比向上牵引容易些。向下垂放敷设光缆时，应按以下步骤进行工作：

① 在离建筑顶层设备间的槽孔 1~1.5m 处安放光缆卷轴，使卷筒在转动时能控制光缆。将光缆卷轴安置于平台上，以便保持在所有时间内光缆与卷筒轴心都是垂直的，放置卷轴时要使光缆的末端在其顶部，然后从卷轴顶部牵引光缆。

② 转动光缆卷轴（见图 4-118），并将光缆从其顶部牵出。牵引光缆时，要保持不超过最小弯曲半径和最大张力的规定。

图 4-118　光缆卷轴

③ 引导光缆进入敷设好的电缆桥架中。

④ 慢慢地从光缆卷轴上牵引光缆，直到下一层的施工人员可以接到光缆并引入下一层。

⑤ 在每一层楼均重复以上步骤，当光缆达到底层时，要使光缆松驰地盘在地上。在弱电间敷设光缆时，为了减少光缆上的负荷，应在一定的间隔上（如 5.5m）用缆带将光缆扣牢在墙壁上。

用这种方法，光缆不需要中间支持，但要小心地捆扎光缆，不要弄断光纤。为了避免弄断光纤及产生附加的传输损耗，在捆扎光缆时不要碰破光缆外护套，固定光缆的步骤如下：

① 使用塑料扎带，由光缆的顶部开始，将干线光缆扣牢在电缆桥架上。

② 由上往下，在指定的间隔（5.5m）安装扎带，直到干线光缆被牢固地扣好。

③ 检查光缆外套有无破损，盖上桥架的外盖。

2．通过吊顶敷设光缆

从弱电井到配线间的这段路径需要敷设光纤，一般采用通过吊顶（电缆桥架）敷设的方式，具体的操作步骤是：

① 沿着所建议的光纤敷设路径打开吊顶。

② 利用工具切去一段光纤的外护套，并由一端开始的 0.3 m 处环切光缆的外护套，然后除去外护套。

③ 将光纤及加固芯切去并掩没在外护套中，只留下纱线。对需敷设的每条光缆重复此过程。

④ 将纱线与带子扭绞在一起。

⑤ 用胶布紧紧地将长 20 cm 范围的光缆护套缠住。

⑥ 将纱线馈送到合适的夹子中去，直到被带子缠绕的护套全塞入夹子中为止。

⑦ 将带子绕在夹子和光缆上，将光缆牵引到所需的地方，并留下足够长的光缆供后续处理用。

知识链接

一、光纤布线过程

光纤的纤芯是石英玻璃的，极易弄断，因此在施工弯曲时决不允许超过最小的弯曲半径。其次，光纤的抗拉强度比电缆小，因此在操作光缆时，不允许超过各种类型光缆抗拉强度。在光缆敷设好以后，在设备间和楼层配线间，将光缆捆接在一起，然后才进行光纤连接。可以利用光纤端接装置（OUT）、光纤耦合器、光纤连接器面板来建立模组化的连接。当辐射光缆工作完成后及光纤交连和在应有的位置上建立互连模组以后，就可以将光纤连接器加到光纤末端上，并建立光纤连接。最后，通过性能测试来检验整体通道的有效性，并为所有连接加上标签。

二、光纤连接

光纤与光纤的相互连接,称为光纤的接续。光纤与光纤的连接常用的技术有两种:一种是拼接技术,另一种是端接技术。下面来介绍这两种接续技术。

1. 光纤拼接技术

它是将两段断开的光纤永久性地连接起来。这种拼接技术又有两种:一种是熔接技术,另外一种是机械拼接技术。

(1)光纤熔接技术

光纤熔接技术是用光纤熔接机进行高压放电使待接续光纤端头熔融,合成一段完整的光纤。这种方法接续损耗小(一般小于 0.1dB),而且可靠性高,是目前使用最普遍的方法。

(2)光纤机械拼接技术

机械拼接技术也是一种较为常用的拼接方法,它通过一根套管将两根光纤的纤芯校准,以确保连接部位的准确吻合。机械拼接有两项主要技术:一是单股光纤的微截面处理技术,二是抛光加箍技术。

2. 光纤端接技术

光纤端接与拼接不同,它是使用光纤连接器件对于需要进行多次拔插的光纤连接部位的接续,属活动性的光纤互连,常用于配线架的跨接线以及各种插头与应用设备、插座的连接等场合,对管理、维护、更改链路等方面非常有用。其典型衰减为 1dB/接头。

光纤端接主要要求插入损耗小,体积小,装拆重复性好,可靠性好,价格便宜。光纤连接器的结构种类很多,但大多用精密套筒来对齐纤芯,以降低损耗。综合布线选用的光纤连接器和适配器应适用于不同类型的光纤的匹配,并使用色码来区分不同类型的光纤。

ST 连接插头用于光纤的端接,此时光缆中只有单根光导纤维(而非多股的带状结构),并且光缆以交叉连接或互连的方式连接至光电设备上。在所有的单工终端应用中,综合布线均使用 ST 光纤连接器。当该连接器用于光缆的交叉连接方式时,光纤连接器置于 ST 连接耦合器中,而耦合器则平装在光纤互连装置(UUJ)或光纤交叉连接分布系统中。

MIC 型是一种双工连接器。它通常接在 FDDI 光缆跳线的两端,用于将 FDDI 装置连接在带有 FDDI/ST 耦合器的设备和信息插座中,并且可用于 FDDI 网的闭环连接或交叉连接。

交叉连接就是在两条半固定的光纤之间使用跳线作为中间链路,使管理员易于管理或维护线路。

3. 光纤端接极性

每一条光纤传输通道包括两根光纤,一根接收信号,另一根发送信号,即光信号只能单向传输。如果收对收,发对发,光纤传输系统肯定不能工作。那么,如何保证正确的极性就是在综合布线中所需要考虑的问题。ST 型通过编号方式来保证光纤极性,SC 型为双工接头,施工中对号入座就完全解决了极性这个问题。综合布线采用的光纤连接器配有单工和双工光纤软线。

在水平光缆或干线光缆终接处的光缆侧,建议采用单工光纤连接器,在用户侧采用双工光纤连接器,以保证光纤连接的极性正确。

用双工光纤连接器时，需要用锁扣插座定义极性。用单工光纤连接器时，对连接器应做上标记，表明它们的极性。当用一个混合光纤连接器代替两个单工耦合器时，需要用锁扣插座定义极性。

实　　训

观察正在施工的光纤传输通道。

任务九　标签标识制作

任务描述

综合布线标签标识系统的实施是为了给用户在今后的维护和管理带来便利，提高其管理水平和工作效率，减少网络配置时间。通过本任务的学习，应学会使用标签标识进行综合布线的管理。

任务实现

一、购买或订制合适的标签纸

根据工程内容购买或订制相应规格的标签纸，如图4-119所示。

二、书写或打印标签编号

根据规则在标签上书写或打印标签编号，如图4-120所示。

 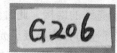

图4-119　标签纸　　　　图4-120　书写编号后的标签纸

三、粘贴标签

将标签纸粘贴在双绞线两端靠接头附近位置，如图4-121所示。

图4-121　粘贴标签后的双绞线一端

知识链接

一、标识要求

所有需要标识的设施都要有标签，每一电缆、光缆、配线设备、端接点、接地装置、敷设管线等组成部分均应给定唯一的标识符。标识符应采用相同数量的字母和数字等标明，按照一定的模式和规则来进行。按照"永久标识"的概念选择材料，标签的寿命应能与布线系统的设计寿命相对应。标签材料符合通过 UL969（或对应标准）认证以达到永久标识的保证；同时标签要达到环保 RoHS 指令要求。所有标签应保持清晰、完整，并满足环境的要求。标签应打印，不允许手工填写，应清晰可见、易读取。特别强调的是，标签应能够经受环境的考验，比如潮湿、高温、紫外线，应该具有与所标识的设施相同或更长的使用寿命。聚酯、乙烯基或聚烯烃等材料通常是最佳的选择。要对所有的管理设施建立文档。文档应采用计算机进行文档记录与保存，简单且规模较小的布线工程可按图纸资料等纸质文档进行管理，并做到记录准确，及时更新，便于查阅，文档资料应为中文。

1. 户内和户外的使用

对于户内和户外的使用的标签，应能够经受环境的考验，比如潮湿、高温、紫外线，应该具有与所标识的设施相同或更长的使用寿命。标签材料符合通过 UL969（或对应标准）认证以达到永久标识的保证；同时标签要达到环保 RoHS 指令要求。

2. 电缆标识

电缆标识最常用的是覆盖保护膜标签，这种标签带有黏性并且在打印部分之外带有一层透明保护薄膜，可以保护标签打印字体免受磨损。除此之外，单根线缆/跳线也可以使用非覆膜标签、旗式标签、热缩套管式标签。常用的材料类型包括乙烯基、聚酯和聚氟乙烯，如图 4-122 所示。

对于成捆的线缆，建议使用标识牌来进行标识。这种标牌可以通过打印机进行打印，尼龙扎带或毛毡带与线缆捆固定，可以水平或垂直放置，标识本身应具有良好的防撕性能，并且符合 RoHS 对应的标准。

图 4-122　常用电缆

电缆标识最常用的是覆盖保护膜标签，这种标签带有黏性并且在打印部分之外带有一层透明保护薄膜，可以保护标签打印字体免受磨损。除此之外，单根线缆/跳线也可以使用非覆膜标签、旗式标签、热缩套管式标签，如图 4-123 所示。

图 4-123　配线面板/出口面板的标识

配线面板标识主要以平面标识为主，要求材料够经受环境的考验，且符合 RoHS 对应的环境要求，在各种溶剂中仍能保持良好的图像品质，并能粘贴至包括低表面能塑料的各种表面。标签应打印，不允许手工填写，应清晰可见、易读取，所有标签应保持清晰、完整，并满足环境的要求，如图 4-124 所示。

图 4-124 配线面板标识

二、标签的分类和选择

1. 标签的分类

标签按打印方式分为热转移打印标签（见图 4-125）、激光打印标签、喷墨打印标签、针式打印标签和手写标识。

标签按照材料分为纸标签、乙烯标签、聚酯标签（见图 4-126）、尼龙标签、聚酰亚胺标签（见图 4-127）、聚烯烃套管标签等。

图 4-125 热转移打印标签

图 4-126 聚酯标签

图 4-127 聚酰亚胺标签

标签按照用途分为印刷线路板标识、条形码标识、实验室标识、电子元气件标识、电力与通信的线缆标识、套管标识、吊牌标识、管道标识、警示标识、防静电标识、耐高温标识、工业防火标识、商品标识、办公用品标识、票据等。

2. 标签的选择

标签的基本结构：不同的打印方式和不同的用途，使用标签的材料是不一样的，目前大多数用户已经注意到了不同的打印方式该使用与之相匹配的标签。分析一下标签的基本结构就可以看得很清楚，如图 4-128 所示。

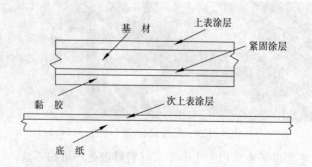

图 4-128 标签结构图

标签基材的选择：目前大多数用户对标签基材的选用方法还知之甚少，至使许多应该使用工业标识或特殊标识的地方，错误地使用了民用标识。虽然在打印效果和耗材的价格上暂时满足了使用者的要求，但却忽略了用户对标识的字迹和粘贴耐久性要求。对于工业标签基材的选择有如下建议，如图 4-129 所示。

标识的用途	建议使用基材	耐用温度/℃	其他特性
电力和通信线缆	乙烯、乙烯布、尼龙布	-40~70	柔软易弯曲
SMT 生产线使用的标识	聚酰亚胺	260	耐高温、防静电
设备铭牌、资产	聚酯	-40~100	厚且有弹性
阻燃	聚氟乙烯	-70~135	
吊牌	聚乙烯	120	耐撕扯
热缩套管	聚乙烯	220	收缩比例 3:1
外包装标识	纸		耐撕扯、防水

图 4-129 标签基材

从图 4-129 中可以看到工业标签的基材与民用普通纸基标签有明显不同。如果错选标签的基材，肯定无法满足使用要求，许多人都是通过使用才发现基材选型缺陷的，因此对标签的选择有如下建议：

- 确定标签的使用环境。比如要了解标签的使用温度变化范围、湿度、光照强度，以及粘贴位置是否有尘土和油渍，标签粘贴在户内还是户外，使用环境是否有酸碱或有机溶剂及盐雾腐蚀等。
- 确定标签基材和黏胶的要求。比如要了解标识是否要防静电、要绝缘、要防火、要很薄、要耐撕扯、要永久黏胶、要重复使用黏胶、要求基材的颜色等。
- 确定标签的粘贴方式。根据标签的用途和使用环境确定标签的粘贴方式是平面粘贴、缠绕式粘贴还是旗形粘贴。
- 确定标签的打印方式。根据用提出的需求确定标签的打印方式。
- 根据标签的粘贴方法和位置确定标签的尺寸。
- 使用匹配的打印机和色带。使标签及打印效果都符合 UL 认证标准。

3．标签打印机的选择

热转移打印机：一种热转移打印机（见图 4-130）是热蜡式打印机，它利用打印头上的发热元件加热浸透彩色蜡或树脂的色带，使用色带上的固体油墨转印到打印介质上。其优点是打印字迹清晰、打印速度快、打印噪声低。民用常见于火车票、超市价签等纸制标签的打印；工业上主要用于打印线缆标识、套管标识、资产标识、设备铭牌标识、集成电路元器件标识、管道标识、安全警示标识等。

激光打印机：如图 4-131 所示。其工作原理是利用电子成像技术进行打印。调制激光束在硒鼓上沿轴向进行扫描，使鼓面感光，构成负电荷阴影，鼓面在经过带正电的墨粉时，感光部分就会吸附上墨粉，将墨粉转印到纸上，纸上的墨粉经加热熔化形成永久性的字符和图形。激光打印机的优点是打印质量好、分辨率高、噪声小、速度快、色彩艳丽。民用主要是办公室的文件打印；工业上常用于批量打印线缆标识、资产标识、设备铭牌标识和集成电路元件标识。

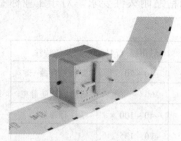
图 4-130 热转移打印机

图 4-131 激光打印机

喷墨打印机：如图 4-132 所示。其价格低廉、色彩亮丽、打印噪声低、速度快，应用普遍，主要在办公室和家庭中使用。工业上常用于打印单色标签，如集成电路元件标识、条形码标识和线缆标识等。

针式打印机：如图 4-133 所示。它是最早使用的打印机之一，其优点是结构简单，节省耗材，维护费用低，可打印多层介质。缺点是噪声大、分辨率低、打印速度慢、打印针易折断。民用常见于各种票据的打印；工业上常用于打印大批量使用的集成电路元件标识和电力线缆标识的打印。

图 4-132 喷墨打印机

图 4-133 针式打印机

4. 标签的类型选择

（1）粘贴型和插入型

建议标签材料符合通过 UL969（或对应标准）认证以达到永久标识的保证；同时建议标签要达到环保 RoHS 指令要求。聚酯、乙烯基或聚烯烃都是常用的粘贴型标识材料。

插入型标识需要可以被打印机进行打印，标识本身应具有良好的防撕性能，够经受环境的考验，并且符合 RoHS 对应的标准。常用的材料类型包括聚酯、聚乙烯、聚亚安酯。

线缆的直径决定了所需缠绕式标签的长度或者套管的直径。大多数缠绕式标签适用于各种尺寸的线缆。贝迪缠绕式标签适用于各种不同直径的标签。对于非常细的线缆标签（如光纤跳线标签）可以选用旗型标签。

（2）覆盖保护膜线缆标签和管套标签

- 覆盖保护膜线缆标签：可以在端子连接之前或者之后使用，标识的内容清晰。标签完全缠绕在线缆上并有一层透明的薄膜缠绕在打印内容上。可以有效地保护打印内容，防止刮伤或腐蚀。

- 管套标识：只能在端子连接之前使用，通过电线的开口端套在电线上。有普通套管和热缩套管之分。热缩套管在热缩之前可以随便更换标识，具有灵活性经过热缩后，套管就成为能耐恶劣环境的永久标识。

5．现场打印和预打印

（1）现场打印标识

用户可以根据自己的需要打印各种内容的标签；我们有可供便携式打印机、热转移打印机、针式打印机、激光或喷墨式打印机打印的各种标签材料；可以适合打印较长字符；并有适合不同应用要求的标签尺寸。

（2）预印标识

有各种各样的预印内容可供用户选择；若用户对标识的需求量比较大，还可以提供定制预印内容的产品，可以提供装订成卡片式、本式和套管式等；预印标识使用方便，运输便利，适用于各种应用场合。

6．环境

考虑的环境因素包括：是否会接触到油、水、化学物品或者溶剂，是否需要阻燃，是否有户外的环境，政府对此是否有特殊规定或其他规定，是否用在洁净或其他环境中。对于各种特殊的应用环境需要选择相应的材料才可以保值要求。

项 目 小 结

本项目主要讲述了综合布线系统施工、线缆布放、信息插座端接、配线架安装、光纤传输通道施工及标签标识制作等内容，通过本项目的学习，应熟悉综合布线施工的具体流程，明白施工内容，掌握施工方法和各个施工阶段的注意事项。

项目五 电缆测试设备和电缆的故障检测、排除

通信电缆敷设过后，就必须进行测试，来保证电缆的正常工作，并体现电缆的性能。测试的工程需要对通信信号进行模拟，然后测试信号的传输效果来确定电缆的性能。

通信电缆的测试是一个系统化的过程，通过测试可以检验选择的电缆是否正确，安装的工程是否正确。最后，测试的结果可以提供整个布线系统性能的基本信息，在解决与电缆相关的一些问题的时候，会用到这些信息。

电缆测试设备对检验布线系统的安装的正确性非常重要，这些设备对电缆的测试决定了电缆线对是否正确地端接，是否敷设在正确的位置，它们同样可以检验布线系统地整体性能，确定布线系统是否达到或者超过布线标准。

学习目标

- 掌握连通性测试仪、电缆测试仪、光纤测试仪的使用。
- 了解接线图及各种测试参数的含义和标准。
- 掌握不合格电缆的排除方法。

任务一 电缆测试设备的熟知

任务描述

通信电缆的测试是整个电缆敷设工程中最重要的一步,电缆的测试可以确定电缆是否端接正确,也能检验敷设的电缆性能是否达到或超过国际的和国内的标准。要获知电缆的性能就要通过电缆测试设备进行相关参数的测试操作,从测试操作中得出相应的结果,并与对应标准进行比对,从而判断出被测试电缆性能的高低。

预备知识

对通信电缆需要做几次基本的测量,测量时用到现场测试仪,通过其可以判断出通信电缆的安装和敷设是否正确。适当的测试可以延长系统的使用寿命,从而减少系统的停工期和排除系统故障的时间。

现在所使用的 5 类、超 5 类、6 类电缆和光缆都需要进行系统的测试,测试要求检验电缆的安装是否正确或者电缆的性能是否达到了标准。测试的结果可以证明敷设的光缆是否可以支持长距离的高速通信网络。

任务实现

一、熟知万用表

万用表可以进行多种测试,是常用的测试设备。它有电压挡、电流挡、欧姆挡。电压挡可以测量电路的电压,电流挡可以测量电路的电流,欧姆挡可以测量电路的阻抗。通过万用表的选择按钮就可以在各挡位之间进行选择。

万用表中的欧姆挡可以用来测试电缆,通过它可以判断通信电缆中的基本故障。欧姆表可以测试通信电缆中的阻抗,以判断水平布线或干线布线的电缆是否连接正确。

欧姆表可以诊断通信电缆中的如下故障:短路、开路、电缆过长。

欧姆表可以诊断出电缆中的短路或开路。测试电缆线对时,如果电缆线对表现出极低的阻抗,则表明电缆线对短路;如果电缆表现出极高的阻抗或者阻抗无穷大,则表明电缆线对开路。

数字式万用表(见图 5-1)可以测试电缆的直流阻抗。直流阻抗的值可以大致反映出一条电缆的长度,对于 5e 类 UTP 电缆和 6 类 UTP 电缆而言,直流阻抗的测量并不是必须的。但是,这种测量对判断电缆端接是否正确和电缆穿过电缆链路时是否拉直是很有用的。

万用表是一种有用的同轴电缆测试仪器,DC(直流)阻抗的测试可以反映出同轴电缆链路的衰减。在电缆连接处使用万用表时可以借助一个短插头,短插头可以把中心导体和电缆屏蔽层连接在一起,测试探针可以方便地把电缆链路的两端连接起来,欧姆表可测试直流阻抗,同时也可以测试同轴电缆链路的短路和开路。

图 5-1 数字式万用表

万用表价格便宜,操作方便,它能够进行通信铜缆的一些基本测试,但万用表的测试速度要低于其他类型的铜缆测试设备。

万用表不是测试 UTP 铜缆的最佳选择,它只能进行有限的几种测试。万用表不能进行 TSB-67 规定的所有测试类型,TSB-67 是敷设 UTP 电缆布线系统的测试和认证标准。万用表的第二个缺陷是它在用于 UTP 电缆测试时特别费时间,万用表一次只能测试一根电缆导线。测试一条四线对水平电缆需要很长的时间,因为在商业大楼里这些电缆的敷设数量很大。测试线对较多的干线电缆也需要很长的时间,因为这些电缆的线对多达数百个,万用表需用探针对电缆中的每一个线对进行测量,以判断其是否开路或短路。

二、熟知连通性测试仪

连通性测试仪是另一种简单的测试设备,这种测试设备设计成主要针对铜质双绞线电缆连通性测试。连通性测试仪主要用于电缆连通性的测试,它的测试速度比万用表要快得多。

下面以连通性测试仪 MicroScanner Pro 为例,做简单介绍:

1. 测试仪的特点

① 能让集线器指示灯闪烁。
② 检验 10/100Mbit/s 以太网。
③ 采用时域反射技术(TDR)测量电缆长度及定位故障点距离。
④ 能测试双绞线及同轴电缆。
⑤ 在增加、移动、改变办公室电缆时匹配电缆(UTP 或同轴)。

2. 能识别工作的网络连接

连通性测试仪 MicroScanner Pro 如图 5-2 所示,可以让集线器指示灯有规律地闪亮并可显示告知网络端口工作在 10Mbit/s 或 100Mbit/s 速率,还可以区分全双工或半双工方式。它同样可以辨别工作站或 PC 的上述状态,如图 5-3 所示。

图 5-2 MicroScanner 外观图

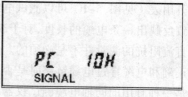

图 5-3 工作状态界面

3. 能够验证电缆连通性

使用连通性测试仪 MicroScanner Pro 进行验证测试可以确保基本连通性和正确的端接。使用接线图测试功能可以检查全部 4 线对的端-端连通性,快速验证被测电缆是否具有正确的接线图(568A 或 568B)并判定任何电缆问题。MicroScanner Pro 可以快速发现开路、短路、反接、串线或其他任何错误的接线及分岔线对的故障。

发现了故障又该如何找到它呢？仅凭视觉检查往往无法做到，甚至会浪费宝贵的时间。现在只要按一个键，MicroScanner Pro 的长度测试功能使用时域反射技术（TDR）就可测试电缆的全长。它还可以在给出故障位置的同时确定电缆是开路还是短路，如图 5-4 所示。

长度测试还可用于核实送货量及库存量的计算。它能显示各线对的长度并告诉你电缆是否一端连接到集线器上，如图 5-5 所示。

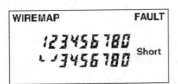
图 5-4　接线图界面

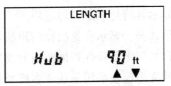
图 5-5　长度测试界面

4. 能够识别电缆链路

（1）在配线间里确定电缆链路

MicroScanner Pro 还有查找办公室/房间的电缆功能，在增加、移动和改变办公室或房间的电缆时可以识别其位置走向，确定在配线架上跳线的连接路径，轻松建立双绞线和同轴网络的管理文档知道电缆另一端的具体位置。

（2）音频功能用于跟踪定位电缆

MicroScanner Pro 的 Toner 音频发生器功能可以发出音频信号，方便使用 MicroProbe 选件进行追踪定位隐藏在墙内、天花板及机柜内的电缆。MicroScanner Pro 可发出 4 种不同频率的音频信号便于识别，如图 5-6 所示。

图 5-6　识别电缆界面

三、熟知数字式电缆分析仪

电缆分析仪是一种更为复杂的测试评估设备。这种测试仪可以进行基本的连通性测试，也可以进行比较复杂的电缆测试性能测试。电缆分析仪在对电缆链路测试时，主要确定其是否支持高速的链路，电缆性能是否符合 5 类或者以上的标准，下面以 DTX 1800 为例，如图 5-7 所示，介绍数字式电缆分析仪。

图 5-7　DTX 1800

1. 简单介绍

DTX-1800可在25 s内依照 F 等级极限值（600 MHz）认证双绞线和同轴电缆布线，用不到10s的时间完成第6类（Category 6）布线的认证。符合III等级及建议的 IV 等级准确性规定。

DTX-1800具有以下特点：

- 彩色显示屏清楚显示"通过/失败"结果。
- 自动诊断报告显示常见故障的距离及可能的原因。
- 声频信号调谐器特性帮助使用者找到插座，在检测到信号声时自动开始"自动测试"。
- 可选的光缆模块可用于认证多模及单模光纤布线。
- 可于内部存储器保存至多250项6类自动测试结果，包含图形数据。
- 利用厂商 LinkWare 软件可用于将测试结果上载至 PC 并建立专业水平的测试报告。"LinkWare Stats"选件产生缆线测试统计数据可浏览的图形报告。

2．测试仪面板介绍

测试仪面板如图 5-8 所示。

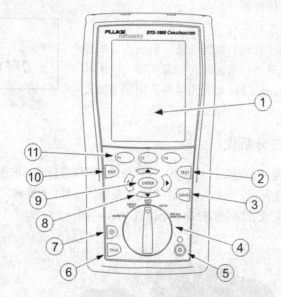

图 5-8　DTX1800 测试仪面板

功能键如下：

① 带有背光及可调整亮度的 LCD 显示屏幕。

② （测试）：开始目前选定的测试。如果没有检测到智能远端，则启动双绞线布线的音频发生器。当两个测试仪均接好后，即开始进行测试。

③ （保存）：将"自动测试"结果保存于内存中。

④ 旋转开关可选择测试仪的模式。

⑤ ：开/关按键。

⑥ （对话）：按下此键可使用耳机与链路另一端的用户对话。

⑦ ：按该键可在背照灯的明亮和暗淡设置之间切换。按住 1 s 来调整显示屏的对比度。

⑧ ◁ ▷ △ ▽：箭头键可用于导览屏幕画面并递增或递减字母数字的值。

⑨ ENTER（输入）：按"输入"键可从菜单内选择选中的项目。

⑩ EXIT（退出）：退出当前的屏幕画面而不保存更改。

⑪ F1 F2 F3：功能键提供与当前的屏幕画面有关的功能。功能显示于屏幕画面功能键之上。

3．测试仪侧面及顶部介绍

测试仪侧面及顶部示意图如图5-9所示。

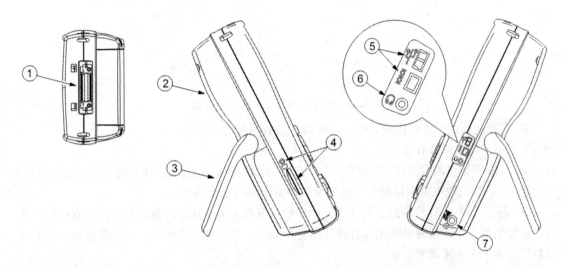

图5-9 测试仪侧面及顶部介绍

功能键如下：

① 双绞线接口适配器连接器。

② 模块托架盖。推开托架盖来安装可选的模块，如光缆模块。

③ 底座。

④ TX-1800及DTX-1200：可拆卸内存卡的插槽及活动LED指示灯。若要弹出内存卡，朝里推入后放开内存卡。

⑤ USB（ ）及RS-232C（ IOIOI ）：这些端口可用于将测试报告上载至PC并更新测试仪软件。RS-232C端口使用Fluke Networks供应的定制DTX缆线。

⑥ ：用于对话模式的耳机插座。

⑦ 交流适配器连接器：将测试仪连接至交流电时，LED指示灯会点亮。

- 红灯：电池正在充电。
- 绿灯：电池已充电。
- 闪烁的红灯：充电超时。电池没有在6小时内充足电。

4．智能远端顶部、面板及侧面介绍

智能远端顶部、面板及侧面示意图如图5-10所示。

功能键如下：

① 双绞线接口适配器的连接器。

② 当测试通过时，"通过"LED指示灯会亮。

③ 在进行缆线测试时，"测试"LED 指示灯会点亮。
④ 当测试失败时，"失败"LED 指示灯会亮。

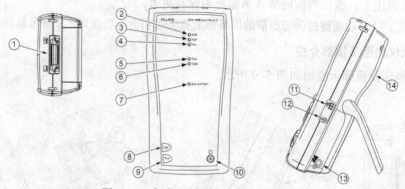

图 5-10　智能远端顶部、面板及侧面

⑤ 当智能远端位于对话模式时，"对话"LED 指示灯会点亮。
⑥ TALK：用来调整音量。
⑦ 当按 TEST 键但没有连接主测试仪时，"音频"LED 指示灯会点亮，而且音频发生器会开启。
⑧ TEST：当电池电量不足时，"低电量"LED 指示灯会点亮。
⑨ TALK：如果没有检测到主测试仪，则开始目前在主机上选定的测试将会激活双绞线布线的音频发生器。当连接两个测试仪后便开始进行测试。按下此键使用耳机来与链路另一端的用户对话。再按一次来调整音量。
⑩ ◎：M（开/关按键）。
⑪ 用于更新 PC 测试仪软件的 USB 端口。
⑫ 用于对话模式的耳机插座。
⑬ 交流适配器连接器，交流适配器连接器。将测试仪连接至交流电时，LED 指示灯会点亮。
⑭ 模块托架盖。推开托架盖来安装可选的模块，如光缆模块。

四、熟知光纤测试设备

光纤必须经过测试和评估之后才能投入使用。由于测试和评估的设备与铜缆的测试设备不同，每个测试设备都必须能够产生光的脉冲，然后在另一端对其进行测试。

常见的光纤测试设备有激光笔、光功率计、光损耗计、光时域反射计（OTDR）。

1. 激光笔

激光笔是最简单的光纤测试设备，它可以对配线盘上的每根光纤进行快速检测，同时，可用来快速检验光纤链路的连通性，如图 5-11 所示。

激光笔是测试光纤链路性能之前首先要用到的测试设备。这种设备可以方便地对光纤两端进行检测。但由于激光笔发出的光强度较弱，长距离的传输后可能观测不到。

2. 光功率计

光功率计是测试光纤布线链路损耗的基本设备。它可以测量光缆的出纤光功率，在光纤链路末端，用光功率计可以测量传输信号的衰减和损耗，如图 5-12 所示。

项目五　电缆测试设备和电缆的故障检测、排除

图 5-11　激光笔

图 5-12　光功率计 DSP-FOM

大多数光功率计都是手提设备，测试波长是 850 nm 和 1 300 nm。850 nm 和 1 300 nm 是用于多模光纤布线系统的工作波长。光功率计是测试评估楼内和楼区布线光缆的最常用的测试设备，用于单模光缆的光功率计的测试波长是 1 300 nm 和 1 500 nm，光功率计和激光光源一起使用，单模光功率计是野外光缆测试常用的设备。

3. 光损耗测试仪

光损耗测试仪是由光功率计和光纤测试光源组合在一起构成的。光损耗测试仪包括所有进行链路段测试所必需的光纤跳线、连接器和耦合器，如图 5-13 所示。

光损耗测试仪是主要用来测试单模和多模光纤，用于测试多模光缆的损耗测试仪有一个 LED 光源，可以产生 850 nm 和 1 300 nm 的光，测单模光缆时，可以产生 1 300 nm 和 1 500 nm 的光。

4. 光时域反射计

光时域反射计（OTDR）是最为复杂的光纤测试设备。OTDR 可以进行光纤的测试，也可以进行长度测试。此外，OTDR 还可以确定光纤链路各种故障的起因和故障位置，如图 5-14 所示。

图 5-13　光损耗测试仪

图 5-14　TSHAV-6413 光时域反射计

OTDR 现在有两种类型：
① 全面型 OTDR。此种类型价格最高，但性能最好，功能最多。
② 小型 OTDR。此种类型价格便宜，但功能减少。

OTDR 使用的是激光光源，它测试出光信号输入后返回测试端的时间来计算长度。它是基

于回波散射的工作方式,光纤连接器和接续子在连接点上都会将部分光反射回来。OTDR 通过测量回波散射的量来检测链路中的光纤接续子和连接器。OTDR 还可以测量回波散射信号返回的时间来确定链路的长度。OTDR 把这些信息输出到一个 OTDR 曲线图,如图 5-15 所示。输出的数据可以用来分析光纤链路的特性或者作为文件备份。OTDR 曲线图即 OTDR 测试结果的曲线图,它的各部分解释如下:

- 初始脉冲:一个在曲线开始时出现的大尖峰。
- 斜坡:表示沿着光纤传输的光脉冲的衰减。
- 连接器反射:表示曲线中的反射和损耗部分。
- 连续损耗:表示曲线中的非反射损耗。
- 反射脉冲:一个大的尖峰过后沿着斜坡急剧下降,表示光到达光纤的末端。

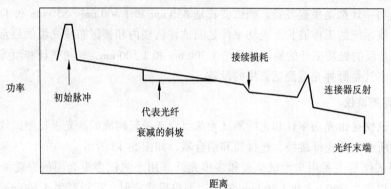

图 5-15 OTDR 曲线图

实 训 一

本实训将使用万用表对做好的网线进行应急测试,培养动手能力、实验能力,熟悉和掌握该实验仪器的操作界面、测试流程。

(1)实验材料准备:已做好的已经编号的双绞线(包括正常、开路、短路)或者已经压好 BNC 头的同轴电缆。

(2)实验工具准备:万用表。

(3)实训步骤如下:

① 万用表调至欧姆挡。

② 将红、黑表笔接触两个水晶头的相应的金属脚,或者接触两个 BNC 头的相应部分。

③ 选择不同的网线进行测试,并填写任务一实训记录表 1,见表 5-1。

表 5-1 任务一实训记录表 1

网线编号	测试是否正常	测试情况
1		
2		
3		
4		
5		

实 训 二

本次实训将使用连通性测试仪对做好的网线进行测试,获得网线的基本情况,培养动手能力、实验能力,熟悉和掌握该实验仪器的操作界面、测试流程。

(1)实验材料准备:已做好的已经编号的网线(包括正常、开路、短路)。

(2)实验工具准备:已做好的已经编号的双绞线(包括正常、开路、短路)或者已经压好BNC头的同轴电缆。提示:如双绞线或者同轴电缆太短,则长度测量可能不准确。

(3)实训步骤如下:

① 观察 MicroScanner Pro(或者类似仪器),记住各个按键的功能。

② 将一段双绞线(大于20m)连接在 MicroScanner Pro,学习其测试界面。

③ 将一段同轴电缆(大于20m),连接在 MicroScanner Pro,学习其测试界面。

④ 将 MicroScanner Pro 至于网络中,学习其测试界面。

(4)填写任务一实训记录表2,见表5-2。

表5-2 任务一实训记录表2

按 键	功 能

实 训 三

本次实训练习使用数字式分析仪,用在认证电缆链路的施工质量,或者进行电缆链路的故障诊断,或是对电缆系统进行日常维护和升级,都需要用到,是综合布线性能验证的关键设备。实训可以培养动手能力、实验能力,熟悉和掌握该实验仪器的操作界面、测试流程。

(1)实验材料准备:已做好的已经编号的网线(包括正常、开路、短路)。

(2)实验工具准备:已做好的已经编号的双绞线(包括正常、开路、短路)。提示:如双绞线或者同轴电缆太短,则长度测量可能不准确。

(3)实训步骤如下:

① 观察 DX1800(或者类似仪器),记住各个按键的功能

② 将一段双绞线(>20m)连接在 DX1800,学习其测试界面。

③ 将 DX1800 链接至于网络中,学习其测试界面。

(4)填写任务一实训记录表3,见表5-3。

表5-3　任务一实训记录表3

按　　键	功　　　　能

任务一实训评价表见表5-4。

表5-4　任务一实训评价表

	评 价 项 目	自己评价	同学评价	老师评价
职业能力	能够识别各类测试仪器			
	熟悉各个仪器测试流程			
	熟悉测试仪器界面			
	熟悉测试仪器按键功能			
	熟悉T568A和T568B的标准			
	熟悉测试方法			
通用能力	观察能力			
	动手能力			
	自我提高能力			
	创新能力			
综合评价				

任务二　电　缆　测　试

任务描述

　　电缆敷设工程的最后一步是对布线系统的测试和评估，每个新敷设的布线系统都会存在这样或那样的问题。通信布线工程要求有组织、有准备。许多施工队都由很多人组成，他们每个人都有自己承担的工作。新敷设的电缆有很多线对，每个线对的两端都需要端接，100条四线对水平电缆就需要端接800次。测试可以确定电缆是否端接正确，其性能能否达到工业规定的最低要求。通过本任务的学习，应掌握电缆测试的方法和步骤。

预备知识

　　电缆测试可以确定电缆的敷设和端接是否正确，对每一条电缆都要进行测试以确定其端接是否正确。每条电缆的每个线对都要进行测试，确定其在每个端接部件上都端接在正确的位置。
　　对电缆的测试可以检验每条电缆的性能，这称作电缆性能评估。为了测试敷设电缆的性能，要在一个大的频率范围内进行测试,这些频率在不同通信系统传输信号时都会用到,这样可以保证敷设的电缆能够达到或超过工业规定的标准。

通信电缆的测试在制作布线系统档案时也扮演着重要角色,测试结果为新敷设的电缆性能提供了一个基准线,这些资料在以后电缆出现问题的时候可供参考。把新测试的结果和原来测试的结果相比较,确定到底是哪些变化导致问题的出现。

电缆测试是一个组织性很强的系统化工作,其目的是检验通信电缆的敷设和端接是否正确,通过一些测试设备可以确定布线工程是否达到工程要求和工业布线标准。通过电缆测试,可以确认工程敷设的正确性并保证将来运行的平稳。电缆测试可以确定当前的应用在新的布线系统中能够成功运行,它同时还提供一些性能要求以保证将来的应用。

测试通信电缆的步骤如下:
① 电缆和电缆端接的外观验视。
② 连通性测试。
③ 性能测试。

任务实现

一、永久链路测试

永久链路是从电信间到工作区插座或者连接器的永久性的电缆,包括以下几个部分:
- 电信间内端接水平电缆的连接硬件。
- 可选转接点或合并点连接器。
- 工作区内用于端接电缆的插座或者连接器。

永久链路不包括电信房和工作区内的接插软线,布线链路的起始点是电信房,结束点是工作区内的插座、连接器,如图5-16所示。

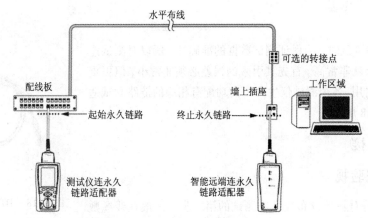

图5-16 永久链路测试

二、通道测试

通道包括水平布线子系统中的所有布线部件,它包括如下部件:
- 电信间水平跳接之间的电缆。
- 电信间内端接水平电缆的连接硬件。

- 可选转接点或合并点连接器。
- 工作区内用于端接电缆的插座、连接器。
- 连接用户设备和水平电缆的工作区接插软线。
- 把电信间内的设备和水平电缆连接起来的设备接插软线,另外还包括连接水平电缆和干线电缆的跳线。

通道把永久链路包含在内,还包括电信间的设备接插软线和跳线,另外还有工作区接插软线。通道是两个布线链路之间最重要的部分,因为通道包括两端的接插软线,这将决定水平电缆是否支持指定的应用。

对通道的测试包括对工作区接插软线和设备接插软线在内的整个通道的测试,测试时要从工作区组合式插头和设备接插软线开始。

永久链路是通道的一部分,如图 5-17 所示。由于每个配置允许的转接数量不同,基本链路和通道的测试限制也不一样。此外,由于工作区和设备连接软线有衰减,通道内还要留出冗余。所有的测试人员都必须知道通道和永久性链路的差异,因为这些链路在测试方法上有很大不同。

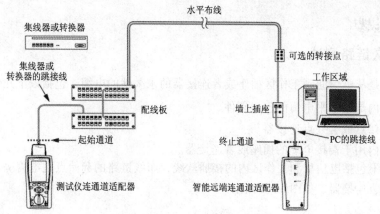

图 5-17 通道

在永久链路测试时,为保证测试数据的准确性,所以对测试连接适配器的要求就非常高。首先其引入的误差必须非常小,但更重要的是它必须耐用。各个测试仪生产厂商均配有相应的链路测试适配器,如图 5-18 所示。

🔗 知识链接

一、外观验视

外观验视是对新敷设布线系统测试的第一步。一般在线缆敷设完工以后,必须对整个布线系统进行外观验视,项目经理必须对敷设的电缆、电缆通道和电缆端接进行验视。

图 5-18 DTX-1800 测试仪的永久链路适配器

检查电缆走向时必须确定通信电缆敷设在正确的电缆通道上,电缆在电缆路径上的支撑结构布置适当。电缆支撑的间隔要合适,这样电缆才不会松弛下垂。检查电缆通道时,要检验通信电缆是否被压紧或者错误地安装在支撑结构上。外观检查还要保证电缆通道的电缆数量不能过量。

电缆的端接也必须检查,外观验视要确定电缆端接在恰当的位置,它还要确定颜色编码和敷设所采用的端接技术都要符合要求。在布线系统的任何端接点，所有双绞线电缆的非绞线部分不得超过 13 mm。

布线系统需进行外观验视的部分如下：
① 电缆支撑结构。
② 电缆通道。
③ 接地和焊接系统。
④ 电缆在管道、支架和其他电缆通道上的布置。
⑤ 所有电缆线对的端接。
⑥ 工作区和设备接插软线的连接。
⑦ 所有布线系统部件的标记。

二、连通性测试

测试布线系统的第二步是进行全面的连通性测试。只有通信电缆能够连通，才能完成通信信号在通信系统设备之间的电气连通。通信电缆通常为多线对电缆，每个电缆线对都要根据专门的接口规范与连接硬件部分的不同插针端接。

三、性能测试

测试布线系统的第三步是进行全面的性能测试。性能测试可以确认在施工过程中采用了适当的部件和敷设方法，性能测试还可以提供电缆的特性参数，通过这些参数可以判定该电缆能否提供可靠的信号传输。

电缆的性能测试必须按照美国电信工业协会（TIA）和国际电工委员会（IEC）建立的规范进行，这些组织为支持多种网络应用和设备的结构化布线系统制定了性能测试标准。这些标准确定了通信布线链路的衰减、串扰和信噪比的性能规格，它还提供了每个电缆测试的测试规范和合格标准。

实　　训

本次实训对学校已布线的建筑物进行综合布线系统的外观验视，外观验视是综合布线检测的第一步，通过观察，寻找布线系统的错误或者疏漏，培养观察能力。

实训步骤：

观察已布线的建筑物，并填写任务二实训记录表，见表 5-5。

表 5-5　任务二实训记录表

项　　目	是/否
通信电缆敷设在正确的电缆通道上	
电缆在电缆路径上的支撑结构布置是否适当	
电缆支撑的间隔是否合适	
通信电缆是否被压紧	
通信电缆是否错误地安装在支撑结构上	
线缆颜色编码是否正确	
非双绞部分是否超过 13 mm	

任务二实训评价表见表 5-6。

表 5-6 任务二实训评价表

评价项目		自己评价	同学评价	老师评价
职业能力	能够熟悉测试项目			
	熟悉各测试项目标准			
通用能力	观察能力			
	动手能力			
	自我提高能力			
	创新能力			
综合评价				

任务三　接线图测试

任务描述

电缆测试首先要求端到端的连通，连通性的保证就必须要求线对在电缆链路上线对严格对接。接线图测试就是要求所有电缆线对端到端的电气的连通性，它同样要求诊断配线的错误。接线图测试可以反映出电缆布线中是否存在开路、短路、交叉连接和配线错接等错误。

预备知识

一、开路

开路是指一根电缆线或者几根电缆线不能保证从链路一端到另一端的连通性。双绞线电缆的 8 根导线（4 个线对）在经过电缆链路时必须完全连通，如果在一条双绞缆的一根电缆线上出现开路现象，则要对出现开路的电缆线的所有接点进行检查。如果所有电缆线都出现开路现象，就要检验一下电缆的敷设是否正确。在识别没有标记的电缆时可以使用音频生成器和音频放大器。最后，要确认远端环路回路单元与基站单元接在同一条电缆上。

二、短路

短路是指一条电缆的两根或多根电缆线与电路相连时，所接的位置在正常连接的位置之前。这种情况通常表现为插座里有不止一个插针连在同一根电缆线上。

双绞线链路不允许在电缆线路中出现短路现象，如果测试仪发现电缆中存在短路现象，则可以检查冲压模块和工作区的插座，可能是两个线路接在一个端接点上了。

如果在端接点上找不到问题，可以对水平电缆和链路上的所有配线电缆进行外观检查。通过外观检查可以确定电缆护套是否被撕裂或者电缆是否被夹坏，如果发现这些情况，则需更换已损坏的电缆。

三、线对反接

线对反接是指一个线对的两根电缆线接在组合式插座的正确位置，但电缆线没有接在正确的插针上。线对反接意味着从插针 1 出来的信号会传到电缆另一端的插针 2，在电缆测试仪上会显示两根线交错。

ANSI/TIA/EIA-565-A 和 ANSI/TIA/EIA-569-B 标准要求，在电信房到工作区插座之间的所有水平电缆必须直通，工业布线标准要求所有的交叉和线对转接必须在工作区由专门的适配器来完成。

四、接线图——错对

错对是指一个线对的两根电缆线在组合式插座上的位置接错。测试仪会表示为电缆线对的两根线端接在链路两端的不同插针。

一般在双绞线电缆的一端使用 T568A 型插座或配线盘而在另一端使用 T568B 型插座或者配线盘时会经常发生错对。在这种情况下，在电缆的一端绿线对与 T568A 型部件的插针 1、2 相接，而在电缆另一端，同样还是这个线对却与 T568B 型部件的插针 3、6 相接。

ANSI/TIA/EIA-565-A 和 ANSI/TIA/EIA-565-B 标准要求在电信房到工作区插座之间所有水平电缆必须直通。

五、线对分离

线对分离是指在配线直通的情况下，一个线对的两根电缆线与双绞线电缆两端错误的插针相接时发生的情况。例如，T568A 组合式插座的配置要求绿线对的两根电线接在插针 1、2 上，但如果绿线对的一根电缆线与插针 1 相接，而另一根电缆线在电缆的两端都与插针 3 相接，线对分离就会发生。

简单的连通性测试仪器不能检查出线对分离。从纯粹的连通性来看，插针 1 与插针 1 相连，插针 3 与插针 3 相连，在电缆的端到端连通上这是非常完美的。

线对分离对局域网布线是非常有害的，局域网设备使用平衡信号。因为局域网支持 100 m 的高频信号的传输，如果存在线对分离，对信号传输的影响很大。

任务实现

一、使用电缆测试仪 MicroScanner 进行接线图测试

测试步骤如下：
① 需要测试的电缆接入 MAIN 主线插孔。
② 将另一端插入接线图适配器如图 5-19 所示。
③ 按住模式键直至显示屏上出现显示屏如图 5-20 所示。

图 5-19　接线适配器

图 5-20　显示屏

各种情况如下所示：
① 接线正确如图 5-21 所示。
② 线路反接如图 5-22 所示。
③ 交叉连接如图 5-23 所示。

图 5-21 接线正确　　　图 5-22 线路反接　　　图 5-23 交叉连接

④ 串扰如图 5-24 所示。
⑤ 开路如图 5-25 所示。
⑥ 短路如图 5-26 所示。

图 5-24　　　　　　　图 5-25　　　　　　　图 5-26

二、使用电缆测试仪 Microscanner 进行网络连接测试

测试步骤如下：
① 将需要测试的电缆接入 MAIN 插孔。
② 按住模式键选择"长度"模式，如图 5-27 所示。

- 如果接入的是 PC，则 MicroScanner Pro 则显示正在连接 PC，并同时显示长度，如图 5-28 所示。
- 如果接入的是 Hub，则 MicroScanner Pro 则显示正在连接 Hub，并同时显示长度，如图 5-29 所示。

③ 按住模式键使 Hub 状态指示灯发光。检测与 PC 或者 Hub 的连接模式为全双工还是半双工，如图 5-30 所示。

 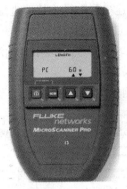

图 5-27 长度模式　　　　　图 5-28 连接 PC 的长度

图 5-29 连接 Hub 的长度　　　图 5-30 连接模式

三、使用 DTX1800 进行接线图测试的测试步骤

（1）开机

按下◎将测试仪打开。

（2）语言的选择

如果出厂后测试仪的语言还没有被选择过，测试仪将显示一个语言选择屏幕。然后，按下面步骤选择语言：

① 旋钮开关转至 SETUP 的位置。

② 按 ⌒ 选择"仪器设置值，并按下"ENTER"键。

③ 用 ▷ 选择选项卡 2。

④ 按选择语言。

⑤ 用 ⌒ ⌒ 突出显示想要使用的语言。

⑥ 在突出显示的选项上按下"ENTER"键。测试仪将使用你选择的语言。

（3）将合适的连接接口适配器连接到主机和智能远端。

（4）打开智能远端。

（5）将远端单元连接到电缆连接的远端。

（6）主机旋钮开关转至 AUTOTEST 的位置。

（7）检查显示的设置是否正确。这些设置可在 SETUP 模式中更改。

（8）将主单元连接到电缆连接的近端。对于通道测量，使用网络设备带状电缆。

（9）按 TEST 启动自动测量。

（10）按用 ▽ △ 突出显示自动测试菜单中的选项然后按"ENTER"键。

（11）观察结果。

（12）接线图测试的结果如图 5-31 至图 5-37 所示。

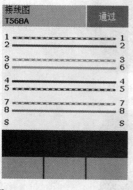 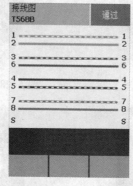 

图 5-31 T568A 正确接线图　　图 5-32 T568B 正确接线图　　图 5-33 短路

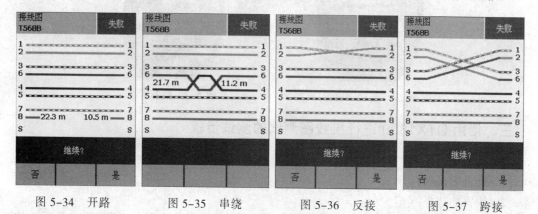

图 5-34 开路　　图 5-35 串绕　　图 5-36 反接　　图 5-37 跨接

接线图测试并显示所有 4 对线远端和近端的连接情况。如果选择一个屏蔽电缆并且启动屏蔽测试功能，本机还会测试屏蔽层的连续性。被测试的线对是由所选的测试标准决定的。

实　　训

接线图测试是综合布线工程的基础测试，通过测试我们可以判断链路上连接是否正确，从而为后面的性能测试奠定基础。该实训可以培养动手能力和实验能力。

（1）实训材料准备：各种接线图的双绞线并端接好水晶头，并加以编号。

（2）实训工具准备：MicroScanner 或者类似网络测试仪、DTX1800 电缆测试仪或者类似仪器。

（3）实训步骤如下：

① 使用 MicroScanner 进行接线图的测试，判断接线情况，并填写任务三实训记录表 1、任务三实训记录表 2 和任务三实训评价表见表 5-7 至表 5-9。

表 5-7 任务三实训记录表 1

双绞线编号	接 线 图	结 果

② 使用 DTX1800 进行接线图的测试,判断接线情况,并填写下表。

表 5-8 任务三实训记录表 2

双绞线编号	接 线 图	结 果

表 5-9 任务三实训评价表

	评 价 项 目	自己评价	同学评价	老师评价
职业能力	能够熟悉测试项目			
	是否熟悉各种接线图			
	能否判断接线图所示的端接情况			
	是否熟悉测试流程			
通用能力	观察能力			
	动手能力			
	自我提高能力			
	创新能力			
综合评价				

任务四 长度、传播延迟、延迟偏离、衰减测试

任务描述

通过本任务的实习,应该掌握通过电缆测试仪完成长度、传播延迟、延迟偏离、衰减测试的测试方法和步骤。

预备知识

一、电缆长度测试

电缆长度测试可以反映电缆布线长度。工业布线标准规定:从电信间的端接点到工作区的

端接点的永久性水平布线最大长度是 90 m，另外还要为接插软线、跳线和设备软线预留出 10 m，因此整个水平布线通道的全部长度为 100 m。

电缆测试仪可以测量已敷设通信电缆的长度，电缆测试仪测试的是电子长度，这个测试建立在链路往返传播延迟的基础上。测试仪向电缆发出一个脉冲后，测量脉冲返回测试仪的时间。为了精确测量电缆的长度，必须知道信号在电缆中的传输速度。信号在电缆中的传输速度被称为定额传播速率（NVP），NVP 的值使我们可以通过时间间隔测算电缆的传输长度。在 5 类电缆中，信号的传输速度约为 8 in/ns（1 in=2.54 cm），测试出的时间除以 2，然后与 NVP 值相乘就得出电缆的长度。5 类电缆的常用 NVP 值是光速的 69%。

测量的长度是否精确取决于 NVP 值。因此，应该用一个已知的长度数据（必须在 15m 以上）来校正测试仪的 NVP 值。但 TDR 的精度很难达到 2%以内，同时，在同一条电缆的各线对间的 NVP 值，也有 4%～6%的差异。另外，双绞线线对实际长度也比一条电缆自身要长一些。在较长的电缆里运行的脉冲被会变形成锯齿形，这也会产生几纳秒的误差。这些都是影响 TDR 测量精度的原因。

测试仪发出的脉冲波宽约为 20 ns，而传播速率约为 3 ns/m，因此该脉冲波行至 6 m 处时才是脉冲波离开测试仪的时间。这也就是测试仪在测量长度时的"盲区"，放在测量长度时将无法发现这 6 m 内可能发生的接线问题（因为还没有回波）。

测试仪也必须能同时显示各线对的长度。如果只能得到一条电缆的长度结果，并不表示各线对都是同样的长度。

二、传播延迟和延迟偏离测试

传播延迟是信号在一个电缆线对中传输时所需要的时间，因为传播延迟是实际的信号传输时间，因此传播延迟会随着电缆长度的增加而增加。

通信电缆中每个线对的传播延迟稍有不同，原因在于 4 个线对的缠绕密度不同。这意味着一些电缆线对比同一电缆中的其他线对缠绕要多，增加线对的缠绕密度可以减小电缆大的近端串扰，但却增加了线对长度。缠绕密度过高的电缆线对长度会变得很长，这会导致更大的传播延迟。

传播延迟通常是指信号在电缆上的传输时间，单位是纳秒（ns）。电缆的传播延迟也可以作为最小传输时间的参考量，它是衡量信号在电缆中传输快慢的物理量，通常用百分比来表示，百分比取信号在电缆中的传输速度与光速的比值。

有关 5e 类电缆的规范要求，在 100MHz 的传输频率下，100m 电缆通道的最大传播延迟不得超过 538 ns。

延迟偏离是指同一条 UTP 电缆中传输速度最快的线对和传输速度最慢的线对的传播延迟差值。延迟抖动在 UTP 电缆中变得越来越重要，因为高速局域网技术中用多个线对传输数据信号，这就要求多个线对的信号到达电缆另一端的时间近似相同。这对接收信号的正确解码非常关键，如果电缆超过最大延迟抖动参数可能会导致接收设备信号的混淆以及接收性能恶化。

100m 的水平电缆在 2～125 MHz 频率范围内的延迟抖动不得超过 45 ns。

5e 类通道的所有性能参数归纳如下：

- 100 MHz 时最大衰减=24.0 dB。
- 100 MHz 时最小近端串扰=30.1 dB。

- 100 MHz 时最小综合近端串扰=27.1 dB。
- 100 MHz 时最小衰减串扰比=6.1 dB。
- 100 MHz 时最小综合衰减串扰比=3.1 dB'。
- 100 MHz 时最小等效远端串扰=17.0 dB。
- 100 MHz 时最小综合等效远端串扰=14.4 dB。
- 100 MHz 时最小回波损耗=10.0 dB。
- 最大传播延迟=532 ns。
- 最大延迟抖动=50 ns。

三、衰减测试

衰减是信号在电缆冲传输的时候因为阻抗而导致的信号减弱）。衰减会导致信号在传输时变弱，在所有的通信系统（语音通信系统、低速数据通信系统和局域网中，电缆接收端都应当能够接收到足够多的初始信号，这样接收端才能确定初始信号携带的信息。衰减的单位用分贝（dB）表示，分贝值是按照单位长度的电缆来计算的（通常取 100 m）。但是以负的分贝数来表示，数目越大表示衰减量越大，即 -10 dB 的信号比 -8 dB 的信号弱，6 dB 的差异意味着信号的强度相差两倍，例如 -6 dB 的信号比 -12 dB 的信号强两倍，又比 -18 dB 的信号强 4 倍。影响衰减的因素主要有集肤效应和绝缘损耗。

衰减测试就是测量从电缆一端到另一端的信号强度的损耗。5e 类布线电缆的测试频率范围是 1~100 MHz。人们常通过步进扫频测试来判定电缆的衰减性能等级，这种测试从低频段开始，呈阶梯状上升至 100 MHz，在这个范围内对指定的频率进行测量。

衰减测试是一个单向测试，这意味着测试只需要从电缆的一端进行就可以。因此，这种测试既可以从 5e 类电缆的工作区端进行，也可以从电信房端进行。

要对电缆的每一个线对进行衰减测试，电缆的衰减值取 4 个被测线对的最高 dB 线对的衰减值取 dB 的单位，dB 值越低越好。一旦 dB 值开始上升的时候，就说明有信号在沿着电缆传输的时候损失掉。在许多指定频率下，TSB-67 对基本链路和通道中的电缆布线允许的最大衰减值都做了规定。

5e 类电缆的衰减对基本链路和通道都有相应的规范，基本链路和通道的 5e 类规范如表 5-10 所示。

表 5-10 水平链路与最大衰减关系表

水 平 链 路	最 大 衰 减
永久链路	21.6 dB@100 MHz
通道	24.0 dB@100 MHz

衰减的测量基于规定的扫描，步进频率。衰减的数值越大，衰减（信号的损耗）就越大，接收到的信号就越弱。衰减测试是对电缆和电缆链路连接硬件中信号损耗的测量。测量衰减时，值越小越好。

影响双绞线电缆中衰减的两个主要因素：

① 电缆长度。

② 电缆中传输信号的频率。

只要有信号在电缆中传输，就会导致衰减。实际上，电缆是局域网中信号衰减的主要原因，一般来讲，随着电缆长度的增加，衰减也会增加。电缆的衰减量也与信号的传输频率有关，信号频率越高，铜缆的衰减就会越大，如表 5-11 所示。

表 5-11 传输频率与衰减关系表

频率（MHz）	3 类（dB）	5e 类（dB）
1	2.6	2.0
4	5.6	4.1
8	5-5	5.8
10	9.7	6.5
16	13.1	5-2
20		9.3
25		10.4
100		22

任务实现

利用 DTX1800 电缆测试仪测试一条双绞线电缆，测试步骤如下：

（1）将一条两端端接好水晶头的双绞线分别接入 DTX1800 测试仪和智能远端。

（2）开机选择自动测试后，出现图 5-38 所示的界面。

① 通过：所有参数均在极限范围内。

失败：有一个或一个以上的参数超出极限值。

通过 */ 失败 *：有一个或一个以上的参数在测试仪准确度的不确定性范围内，且特定的测试标准要求用"*"注记。

② 按"F2"或"F3"键来滚动屏幕画面。

③ 如果测试失败，按 F1 键来查看诊断信息。

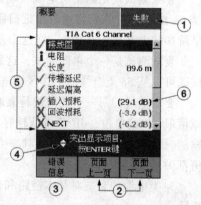

图 5-38 DTX1800 测试界面

④ 屏幕画面操作提示。使用 ⌒ 和 ⌒ 键来选中某个参数，然后按"ENTER"键。

⑤ √：测试结果通过。

i：参数已被测量，但选定的测试极限内没有通过/ 失败极限值。

X：测试结果失败。

＊：完全失败

⑥ 测试中找到最差余量。

（3）另外选择一条两端端接好水晶头的双绞线分别接入 DTX1800 测试仪和智能远端，选择自动测试后再选择"长度"项，得到图 5-39 所示的测试结果界面。

（4）按 EXIT 键退出后，回到自动测试结果的画面，选择"传播延迟"，则显示图 5-40 所示的测试界面，从中可以得到各对双绞线的传播延迟的数据。

（5）按 EXIT 键退出后，回到自动测试结果的画面，选择"延迟偏离"，则显示图 5-41 所示的测试界面，从中可以得到各对双绞线的延迟偏离的数据。

长度		通过
	长度	极限值
i 1,2	14.5 m	100.0 m
i 3,6	14.7 m	100.0 m
i 4,5	14.9 m	100.0 m
✓ 7,8	14.3 m	100.0 m

图 5-39　长度测试结果界面

传播延迟		通过
	传播延迟	极限值
✓ 1,2	70 ns	555 ns
✓ 3,6	71 ns	555 ns
✓ 4,5	72 ns	555 ns
✓ 7,8	69 ns	555 ns

图 5-40　传播延迟测试界面

图 5-41　延迟偏离测试界面

（6）按 EXIT 键退出后，回到自动测试结果的画面，选择"插入损耗"，则显示图 5-42 所示的测试界面，从中可以插入损耗（即衰减）是一条随着频率变化的曲线，使用⊕可以选择不同频率下的插入损耗（即衰减）值，图 5-43 所示是 73.5MHz 的插入损耗（即衰减）值。

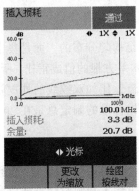

图 5-42　100MHz 插入损耗

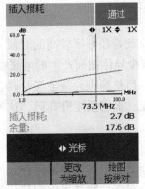

图 5-43　73.5MHz 的插入损耗

（7）按 F3 键，可以选择显示不同线对的插入损耗值，如图 5-44~图 5-47 所示。

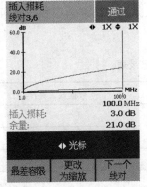

图 5-44　3，6 线对的插入损耗

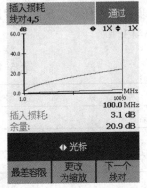

图 5-45　4，5 线对的插入损耗

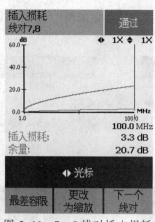
图 5-46　7、8 线对插入损耗

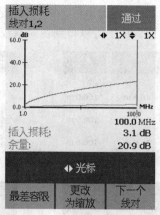
图 5-47　1、2 线对插入损耗

> **小提示**
>
> 余量是测试极限和光标所在位置的衰减值的差。

知识链接

集肤效应就是在频率较高的时候，导体里面的电流不是均匀分布的，而是集中在靠近导体表面，从而减少导体截面产生的电流损耗。它与频率的算术平方根的值成正比，所以频率越高，衰减量越大。而绝缘损耗是绝缘材料会吸收流经导体的电流，比如双绞线的外皮就吸收掉了流经铜芯的电流，而且温度升高后，这种吸收更为明显。所以标准的制定总是在 20℃。

实　　训

本次实训是上一次实训的延伸，可以进一步熟悉测试仪的操作，掌握综合布线性能测试的标准，为综合布线的测试提供一部分测试文档，有助于动手能力和观察能力的培养。

（1）实训材料准备：已编号的长度不同的压接好水晶头的双绞线若干条。

（2）实训工具准备：Fluke DTX1800 或者类似测试仪。

（3）实训步骤按照任务实现的步骤进行，并填写任务四实训记录表和任务四实训评价表见表 5-12 和表 5-13。

表 5-12　任务四实训记录表

参　数　名	数据或者是/否
自动测试（是否通过）	
传播延迟	
延迟偏离	
插入损耗	
50MHz 时插入损耗值	
100MHz 时插入损耗值	

表 5-13　任务四实训评价表

	评 价 项 目	自己评价	同学评价	老师评价
职业能力	能否熟练使用测试仪			
	能否获得测试标准			
	能否从测试仪获得相关参数			
	能否根据参数评判线缆			
	熟悉测试流程			
通用能力	观察能力			
	动手能力			
	自我提高能力			
	创新能力			
综合评价				

任务五　各种串扰、回波损耗

任务描述

通过 DTX1800 或者类似仪器测试端接好水晶头的双绞线的近端串扰、衰减串扰比、等效远端、综合近端串扰、综合等效远端串扰。

预备知识

一、近端串扰

近端串扰是指同一电缆的一个线对中的信号在传输时耦合进其他线对中的能量。近端串扰又称线对之间的近端串扰，因为所有的线对组合都要进行测量。近端是指测试来自电缆的同一端。从一个发送信导线对泄漏出来的能量被认为是这条电缆内的噪声，因为它会干扰其他线对中的信号传输。

近端串扰是 UTP 电缆最重要的一个参数，UTP 电缆应该有较高的近端串扰级别，这样可以保证电缆中的一个线对在传输信号的时候，只会有很少的能量耦合到同一电缆的其他线对中。

近端串扰也用 dB 值来度量，dB 额定值在每个部件中都会用到。它的测量基于规定的扫描步进频率，近端串扰的 dB 值越大越好。

近端串扰测试是一个双向测试，就是说在测量 5e 类电缆的近端串扰时，需要在电缆的两端都要进行测试，因此被称为双向测试。TSB-67 规定在测量 5e 类电缆的近端串扰时，在电缆的两端都要进行测量。

TSB-67 规定了永久链路和通道的 5e 类布线电缆近端串扰最小值，永久链路和通道的 5e 类布线电缆近端串扰如表 5-14 所示。

表 5-14 水平链路与最小近端串扰关系表

水平链路	最小近端串扰规范
永久链路	32.0 dB@100 MHz
通道	30.1 dB@100 MHz

二、衰减串扰比测试 ACR（attenuation to crosstalk ratio）

当信号在通信电缆中传输时，衰减和串扰都会存在。特别是在接收端，因为衰减的存在，所以此处的信号最弱，但也是串扰信号最强的地方。这两种性能参数的混合效应可以反应出布线链路的实际传输质量。我们用衰减串扰比（ACR）来表示。

ACR 近端串扰与衰减差：指近端串扰损耗与衰减的差值。ACR 是一个十分重要的物理量，是线对上信噪比的一个指标。ACR=0 时表明在该线对上传输的信号强度与噪声强度一致，接收方无法识别哪些是有用的信号，哪些是噪声信号。因此，对应 ACR=0 的频率点越高越好。衰减串扰比也用 dB 来表示，dB 值越大越好，衰减串扰比够真正反映出接收信号的质量。

正如名字所表示的那样，衰减串扰比的测量由链路的所有衰减和近端串扰组成。一个高的衰减串扰比意味着干扰噪声强度与信号强度相比微不足道。对于 5e 类电缆链路而言，一个高的衰减串扰比由高近端串扰值和低衰减值而得出。

ACR 测试也是一个双向测试，这意味着在测量 5e 类电缆的衰减串扰比时，在电缆的两端都要进行测试。因为测试包含对近端串扰的测试，因此要测试从电缆发送端发出自耦合到相邻线对的能量大小，进行这种测试的唯一方法是对电缆的两端都进行测试，ACR-N 指近端 ACR，ACR-F 指远端 ACR。

永久链路和通道都有相应的 5e 类电缆的衰减串扰比规范，永久链路和通道的 5e 类电缆的衰减串扰比规范如表 5-15 所示。

表 5-15 水平链路与最小 ACR 值关系表

水 平 链 路	最小 ACR 值
永久链路	10.4 dB@100 MHz
通道	6.1 dB@100 MHz

三、回波损耗

回波损耗是布线系统阻抗不匹配导致的一部分能量反射。当端接阻抗与电缆的特征阻抗不一致时，在通信电缆的链路上就会导致阻抗不匹配。阻抗的不连续性引起链路偏移，电信号到达链路偏移区时，必须消耗掉一部分来克服链路偏移。这样会导致两个后果，一个是信号损耗，另一个是少部分能量会被反射回发射机。因此，阻抗不匹配会导致信号损耗，又会导致反射噪声。

在通信布线系统中，由阻抗不匹配导致的噪声是电缆链路噪声的主要成分。为了降低回波损耗，电缆和连接硬件必须严格匹配。5e 类布线系统要求的回波损耗是：1～20 MHz，20 dB；20～100 MHz，17－10log(f/20)dB（f 代表频率）。

四、综合近端串扰

综合近端串扰（PS NEXT）是指几个同时传输信号的线对对一个不传送信号的线对的串扰总和。综合是指在信号传输的时候电缆的同一端有源线对对无源线对的串扰能量的和。

综合近端串扰是 UTP 布线系统的一个新的测试形式，这种测试在 3 类、4 类、5 类电缆中都没有要求，只是在 5e 类和超 5 类电缆中才要求测试综合近端串扰。这种测试在用多个线对传送信号的应用中非常重要，许多高速局域网技术，像 100Base-T4 和 1000Base-T 都采用这种测试。5e 类通道在 100 MHz 时的最低综合近端串扰是 27.1 dB。

五、等效远端串扰

远端串扰测试并不是特别必要的测试，因为它取决于电缆长度。等效远端串扰（ELFEXT）对 UTP 电缆来说更有意义，等效远端串扰是一个标准化的信号测试，测量所得远端串扰值减去线路的衰减值以后就是等效远端串扰。等效远端串扰的测量适用于任意长度的 UTP 电缆。

等效远端串扰是 UTP 电缆的新的传输参数，在 3 类、4 类、5 类电缆中不需要测试这个传输参数，只是在 5e 类和超 5 类电缆中才要求测试等效远端串扰。在同时用多线对进行全双工通信的应用中，这种测试非常重要。许多高速局域网技术，像 100Base-T4 和 1000Base-T 都采用这种测试。5e 通道在 100 MHz 时的最低等效远端串扰是 17.0 dB。

六、综合等效远端串扰

综合等效远端串扰（PS ELFEXT）是几个同时传输信号的线对对一个不传送信号的线对的串扰总和，综合是指在电缆的远端测量到的每个传送信号的线对对一个不传送信号的线对的串扰能量的和。

等效远端串扰只侧重于一个线对在传送信号时耦合到接收线对的能量。因此等效远端串扰又称做线对间的等效远端串扰。综合等效远端串扰就像综合近端串扰，测量的是多个线对传送信号的时候耦合到一个线对中的能量，这种测量把多个远端干扰在同一时间对一个线对的混合串扰考虑在内。5e 通道在 100 MHz 时的最低综合等效远端串扰是 14.4dB。

> **小提示**
>
> 在 FLUKE 官方的注释文档中表示，ACR=ACR-N、PSACR=PS ACR-N,ELFEXT=ACR-F, PSELFEXT=PS ACR-F。

任务实现

利用 DTX1800 电缆测试仪自动测试功能对双绞线进行回波损耗、ACR-N、ACR-F 等测试，具体操作步骤如下：

① 将一条两端端接好水晶头的双绞线分别接入 DTX1800 测试仪和智能远端。

② 开机选择自动测试后，再选择"回波损耗"，得到图 5-48 所示的界面。

③ 按调节频率至 76.8MHz 得到图 5-49 所示的界面。

④ 按 "F3" 键可以按线对测试某个线对的回波损耗,如图 5-50 所示。

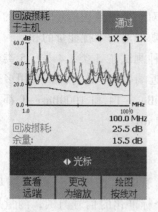
图 5-48 回波损耗

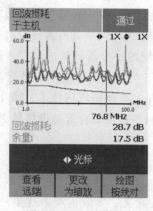
图 5-49 回波损耗

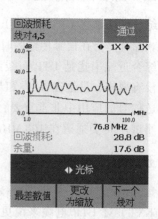
图 5-50 4,5 线对的回波损耗

⑤ 按 "F2" 键可以放大画面,如图 5-51 所示。

⑥ 按 "EXIT" 键返回 "自动测试" 画面,选择 "ACR-N",得到图 5-52 所示的界面。不同频率、不同线对、画面放大类似于前述步骤③~⑤。

⑦ 按 "EXIT" 键返回 "自动测试" 画面,选择 "ACR-F",得到图 5-53 所示的界面。不同频率、不同线对、画面放大类似于前述步骤③~⑤。

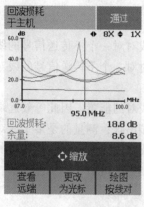
图 5-51 画面放大

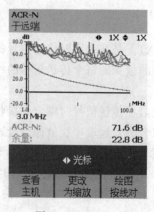
图 5-52 ACR-N

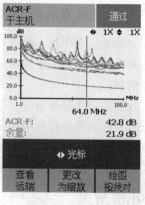
图 5-53 ACR-F

⑧ 按 "EXIT" 键返回 "自动测试" 画面,选择 "PSACR-F",得到图 5-54 所示界面。

不同频率、不同线对、画面放大类似于前述步骤③~⑤。

知识链接

一、分贝(decibel,dB)

分贝是以美国发明家亚历山大·格雷厄姆·贝尔命名的,他因发明电话而闻名于世。因为贝尔的单位太粗略而不能充分用来描述我们对声音的感觉,因此前面加了"分"字,代表 1/10。

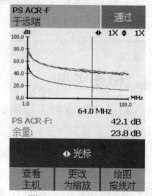
图 5-54 PSACR-F

在电信技术中一般都是选择某一特定的功率为基准,取另一个信号相对于这一基准的比值的对数来表示信号功率传输变化的情况,经常是取以 10 为底的常用对数和以 e=2.718…为底的自然对数来表示。其所取的相应单位分别为贝尔(B)和奈培(Np)。贝尔(B)和奈培(Np)都是没有量纲的对数计量单位。

分贝(dB)的英文为 decibel,它的词冠来源于拉丁文 decimus,意思是十分之一,decibel 就是十分之一贝尔。

二、信号反射

信号在传输线末端突然遇到电缆阻抗很小甚至没有,信号在这个地方就会引起反射。这种信号反射的原理与光从一种介质进入另一种介质要引起反射是相似的。消除这种反射就必须在电缆的末端跨接一个与电缆特性阻抗同样大小的终端电阻,使电缆的阻抗连续。由于信号在电缆上的传输是双向的,因此,在通信电缆的另一端可跨接一个同样大小的终端电阻。从理论上分析,在传输电缆的末端只要跨接了与电缆特性阻抗相匹配的终端电阻,就再也不会出现信号反射现象。但是,在实现应用中,由于传输电缆的特性阻抗与通信波特率等应用环境有关,特性阻抗不可能与终端电阻完全相等,因此或多或少的信号反射还会存在。

实　　训

本次实训是上一次实训的延伸,可以进一步熟悉测试仪的操作,掌握综合布线性能测试的标准,为综合布线的测试提供最终的测试文档,有助于动手能力和观察能力的培养。

(1)实训材料准备:已编号的长度不同的压接好水晶头的双绞线若干条。
(2)实训工具准备:Fluke DTX1800 或者类似测试仪。
(3)按照任务实现的步骤进行,并填写任务五实训记录表和任务五实训评价表见表 5-16 和表 5-17。

表 5-16　任务五实训记录表

测试项目	50MHz	100 MHz	测试数值	近端/远端	余　量	是否通过
回波损耗						
ACR-N						
ACR-F						
PSACR-F						
电阻						
长度						
传播延迟						
延迟偏离						
NEXT						
插入衰减						

表 5-17　任务五实训评价表

评价项目		自己评价	同学评价	老师评价
职业能力	能否熟练使用测试仪			
	能否获得测试标准			
	能否从测试仪获得相关参数			
	能否根据参数评判线缆			
	熟悉测试流程			
通用能力	观察能力			
	动手能力			
	自我提高能力			
	创新能力			
综合评价				

日期：

任务六　不合格电缆故障的检测

任务描述

如果一条通信电缆测试后证实不合格，则必须找出原因并予以纠正。许多电缆没有通过性能测试的原因是使用的部件质量上较差；另一个常见的原因是电缆的线对松散解扭，端接点处如果解扭电缆的长度超过 13 mm 便会增加链路的衰减和串扰。

预备知识

检查排除通信电缆的故障可按照以下步骤进行：
① 判断故障的类型并确定其确实与布线有关。
② 对各种不正常情况从外观上检查一遍。
③ 用电缆测试仪对出现问题的电缆进行测试。
④ 把电缆段分成小的部件分别检查。
⑤ 确定使用的电缆和电缆连接器是同类产品。
⑥ 检查一下不规范的安装规程。
⑦ 更换可疑设备接插线和工作区接插线。
⑧ 看是否有电缆被挤压或损坏。
⑨ 看电缆附近是否有干扰源。
⑩ 检查电缆长度是否过长。

任务实现

一、电缆开路故障检测

将制作好的双绞线电缆两端分别接入 DTX1800 电缆测试仪的主机端和智能远端上，使用

DTX1800 进行自动测试时，得到图 5-55 所示的断路接线图，显示橙色线在 13.4m 处断开。然后选择"是"，经过图 5-56 的过程后得到图 5-57 所示的断路分析概要图，选择"HDTDR 分析仪"，得到图 5-58 所示断路 HDTDR 分析图。据上述显示界面分析，开路的位置在智能远端附近。

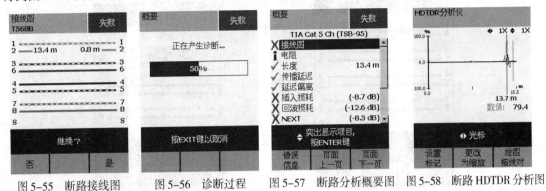

图 5-55　断路接线图　　图 5-56　诊断过程　　图 5-57　断路分析概要图　　图 5-58　断路 HDTDR 分析图

二、电缆高串扰故障检测

将制作好的双绞线电缆两端分别接入 DTX1800 电缆测试仪的主机端和智能远端上，使用 DTX1800 进行自动测试时，得到电缆分析概要如图 5-59 所示，选择"错误信息"得到诊断显示错误信息，如图 5-60 所示。

在图 5-59 所示的电缆分析概要界面中选择"HDTDX 分析仪"并按"ENTER"键，得到高串扰的 HDTDR 分析曲线图如图 5-61 所示，从显示结果中可获知该故障点出现在距主机端 13.6m 处。

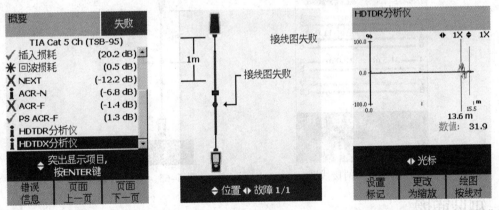

图 5-59　高串扰的图示　　图 5-60　高串扰的错误信息图　　图 5-61　高串扰的 HDTRR 分析曲线图

三、电缆线芯反接故障检测

将制作好的双绞线电缆两端分别接入 DTX1800 电缆测试仪的主机端和智能远端上，使用 DTX1800 进行自动测试时，得到图 5-62 所示的接线图，从中可获知该双绞线电缆的 1、2 芯线芯位接错。

四、电缆错对故障检测

将制作好的双绞线电缆两端分别接入 DTX1800 电缆测试仪的主机端和智能远端上，使用

DTX1800进行自动测试时，得到图5-63所示的接线图，从中可获知该双绞线电缆的1、2和3、6线对芯线芯位接错，说明12和36产生了一个错对。

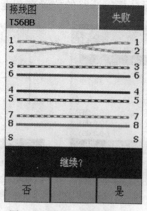

图5-62　反接的接线图

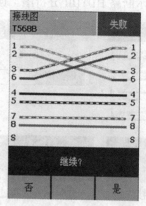

图5-63　错对的接线图

五、电缆短路故障检测

将制作好的双绞线电缆两端分别接入DTX1800电缆测试仪的主机端和智能远端上，使用DTX1800进行自动测试时，得到图5-64所示的接线图，说明距智能远端约11.8m（约12m）处有一个短路产生。选择"是"可得到图5-65所示的错误信息提示。

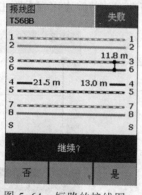

图5-64　短路的接线图

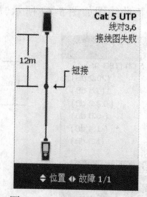

图5-65　短路的错误信息

知识链接

一、连通性故障

所有的电缆线连接必须端接正确，并且要端接在电缆链路端接设备的正确位置上。双绞线链路的电缆连通性故障通常有如下几种：开路、短路、反接、错对、线对分离。

二、电缆长度不当

电缆长度如果过长会导致一些传输问题的出现。电缆长度过长会导致过多的信号衰减以至于链路另一端的设备不能接收到足够多的传输信号并进行正确的解码。

所有的水平电缆通道不得超过100 m。

三、信号过度衰减的原因

衰减是指信号强度的减弱。在信号沿着电缆传输时，就会有信号衰减，可以用 dB 来度量衰减，值越小越好。

双绞线电缆中信号过度衰减的原因有以下几个：
- 使用的电缆级别较低，如在 5e 类通道内使用 3 类电线。
- 在链路中使用扁平电缆和解绞电缆。
- 在链路中存在解绞的电缆线对。
- 链路中存在线对分离。
- 链路中使用的部件级别较低，如 3 类部件用在 5e 类电缆通道中。

四、分析典型故障及产生的原因

① 开路，产生的故障原因是：
- 在连接处或配线架上线对芯位错。
- 连接故障。
- 电缆走向错。
- 电缆连接处受压力而断开。
- 连接器损坏。
- 电缆有断处。

② 高串扰，产生的故障原因是在连接处或打线架上线对芯位错。

③ 反接，产生的故障原因是连接器或配线架线对芯位接错。

④ 接线图错对，产生的故障原因是连接器或配线架线对芯位接错。568A 和 568B 接线标准相混合（1、2 和 3、6 错接）。使用不必要的错接电缆（1、2 和 3、6 错接）。

⑤ 接线图短路产生的故障原因是：
- 在连接处或打线架上线对芯位错。
- 连接器芯位间卡有导体。
- 电缆绝缘被破坏。

实　　训

本次实训通过测试仪检查有故障的电缆，也可能是性能不达标的线缆，在综合布线中是一个非常关键的环节。如果忽略掉这个环节或者是这个环节没有认真严格地履行，那么整个综合布线可能因为几条链路影响到整体性能。通过这次实训可以锻炼动手能力、实验能力、判断能力。

（1）实训材料准备：已编号的长度不同的压接好水晶头的错误双绞线若干条。

（2）实训工具准备：Fluke DTX1800 或者类似测试仪。

（3）实训步骤按照任务实现的步骤进行，并填写任务六实训记录表和任务六实训评价表见表 5-18 和表 5-19。

表 5-18 任务六实训记录表

双绞线编号	故 障 现 象	故 障 分 析

表 5-19 任务六实训评价表

	评 价 项 目	自己评价	同学评价	老师评价
职业能力	能否熟练使用测试仪			
	能否获得测试标准			
	能否从测试仪获得相关参数			
	能否根据参数评判线缆			
	熟悉测试流程			
通用能力	观察能力			
	动手能力			
	自我提高能力			
	创新能力			
综合评价				

项 目 小 结

综合布线的测试是综合布线工程的重要一环，能够保证综合布线系统符合设计要求，达到设计性能，所以必须熟悉综合布线测试的步骤和标准，掌握测试仪器的使用方法，通过测试数据发现故障，并判断出何处出现故障。

项目六 综合案例

某政府机关办公大楼共10层,楼长70 m,1~4楼宽54 m,5-10楼宽30 m,楼层高 3 m。综合布线系统的管槽路由已安装到位。传输的信号种类为数据。模拟完成一次综合布线及施工过程。

学习目标

- 模拟完成综合布线设计过程;
- 模拟完成综合布线施工过程。

一、设计与分工要求

- 本设计包含网络和电话的综合布线部分的设计及施工。
- 由各个楼层配线间至各个信息点的室内超 5 类双绞线的布放。
- 各个楼层配线间至主设备间的光缆、大对数电缆的布放,标准 24 口光缆配线架、标准 24 口模块式配线架、110 配线架和机柜等设备的安装。
- 中心机房设在大厦 1 层靠近电梯处的一个房间。
- 信息点布放要求:1~10 层每个房间要求布放 1 个网络信息点;1 层活动中心要求布放 4 个信息点;1~4 层楼梯对开大厅各布放 3 个信息点;5~10 层楼梯对开各个大办公室要求前后各布放 2 个信息点。

二、大楼平面示意图

大楼平面示意图如图 6-1 所示。

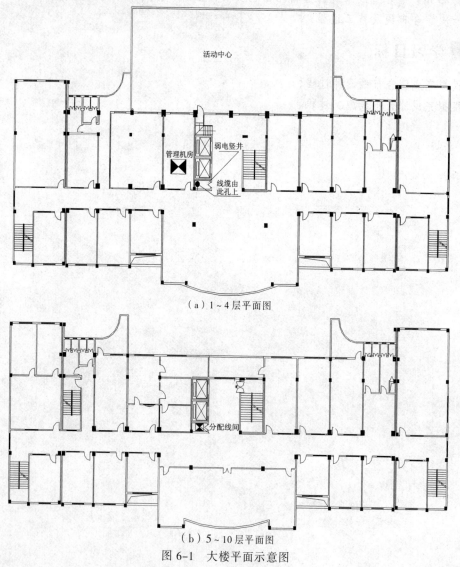

(a) 1~4 层平面图

(b) 5~10 层平面图

图 6-1 大楼平面示意图

三、根据上述要求，做出以下设计图和预算

（1）综合布线系统结构图。
（2）综合布线楼层施工平面图。
（3）综合布线系统材料预算表。
（4）综合布线系统机柜安装大样图。

四、施工

条件许可的情况下，在模拟设备上模拟信息点的安装、连通以及测试操作。

参 考 文 献

[1]温晞.网络综合布线技术[M].2版.北京：电子工业出版社，2011.
[2]黎连业.网络综合布线系统与施工技术[M].4版.北京：机械工业出版社，2011.